电机与电气控制技术

（第 2 版）

主 编 李 坤 刘 辉

北京理工大学出版社
BEIJING INSTITUTE OF TECHNOLOGY PRESS

图书在版编目（CIP）数据

电机与电气控制技术／李坤，刘辉主编．--2 版
．--北京：北京理工大学出版社，2022.7
ISBN 978 - 7 - 5763 - 1556 - 1

Ⅰ.①电… Ⅱ.①李… ②刘… Ⅲ.①电机学—高等
学校—教材②电气控制—高等学校—教材 Ⅳ.①TM3
②TM921.5

中国版本图书馆 CIP 数据核字（2022）第 133914 号

出版发行／北京理工大学出版社有限责任公司
社　　　址／北京市海淀区中关村南大街 5 号
邮　　　编／100081
电　　　话／（010）68914775（总编室）
　　　　　　（010）82562903（教材售后服务热线）
　　　　　　（010）68944723（其他图书服务热线）
网　　　址／http://www.bitpress.com.cn
经　　　销／全国各地新华书店
印　　　刷／涿州市新华印刷有限公司
开　　　本／787 毫米 × 1092 毫米　1/16
印　　　张／13.75
字　　　数／317 千字
版　　　次／2022 年 7 月第 2 版　2022 年 7 月第 1 次印刷
定　　　价／75.00 元

责任编辑／多海鹏
文案编辑／辛丽莉
责任校对／周瑞红
责任印制／李志强

出版说明

　　五年制高等职业教育（简称五年制高职）是指以初中毕业生为招生对象，融中高职于一体，实施五年贯通培养的专科层次职业教育，是现代职业教育体系的重要组成部分。

　　江苏是最早探索五年制高职教育的省份之一，江苏联合职业技术学院作为江苏五年制高职教育的办学主体，经过20年的探索与实践，在培养大批高素质技术技能人才的同时，在五年制高职教学标准体系建设及教材开发等方面积累了丰富的经验。"十三五"期间，江苏联合职业技术学院组织开发了600多种五年制高职专用教材，覆盖了16个专业大类，其中178种被认定为"十三五"国家规划教材，学院教材工作得到国家教材委员会办公室认可并以"江苏联合职业技术学院探索创新五年制高等职业教育教材建设"为题编发了《教材建设信息通报》（2021年第13期）。

　　"十四五"期间，江苏联合职业技术学院将依据"十四五"教材建设规划进一步提升教材建设与管理的专业化、规范化和科学化水平。一方面将与全国五年制高职发展联盟成员单位共建共享教学资源，另一方面将与高等教育出版社、凤凰职业教育图书有限公司等多家出版社联合共建五年制高职教育教材研发基地，共同开发五年制高职专用教材。

　　本套"五年制高职专用教材"以习近平新时代中国特色社会主义思想为指导，落实立德树人的根本任务，坚持正确的政治方向和价值导向，弘扬社会主义核心价值观。教材依据教育部《职业院校教材管理办法》和江苏省教育厅《江苏省职业院校教材管理实施细则》等要求，注重系统性、科学性和先进性，突出实践性和适用性，体现职业教育类型特色。教材遵循长学制贯通培养的教育教学规律，坚持一体化设计，契合学生知识获得、技能习得的累积效应，结构严谨，内容科学，适合五年制高职学生使用。教材遵循五年制高职学生生理成长、心理成长、思想成长跨度大的特征，体例编排得当，针对性强，是为五年制高职教育量身打造的"五年制高职专用教材"。

江苏联合职业技术学院
教材建设与管理工作领导小组
2022年9月

前　言

本书是根据职业教育教学改革的需要，将"可编程控制技术""电力拖动技术"与"机床电气控制技术"三门课程进行有机整合，使其融为一体、前后呼应。全书是以"工学结合、项目引导、教学做一体化"为原则，以培养高级应用型人才为目标，以技能培养和工程应用能力的培养为出发点，以应用为主线编写而成的。

继电接触式电气控制系统与可编程控制器是电气控制技术发展过程中的不同阶段，源于同一体系，一脉相承。因此在编写本书的过程中，吸取了各种同类教材的优点和各校的教改经验，兼顾继电接触器控制技术和可编程控制技术的教学重点。本书以交、直流电动机、变频器为驱动装置，低压电器为控制、保护元件，组成生产机械的电力拖动和电气控制系统，其中以三相异步电动机的拖动和 PLC 控制为重点，以电气控制基本环节为主线，阐述了电力拖动技术、常用设备的电气控制技术等基本知识。从生产实际出发，对常见的电气故障进行了分析，以培养学生分析、解决生产实际问题的能力和进行简单电气控制系统设计的能力。

全书共分为六大项目，内容包括：认识三相异步电动机；认识 PLC 控制系统；直流电动机的控制；三相异步电动机的控制电路；步进、伺服电动机的控制；常用电动机的综合控制等。每一项目都由不同的任务组成，每个项目包含 2~3 个任务。通过设计不同的任务，将理论知识融入每一个实践操作中，任务都是从工程实际出发，由易到难、循序渐进，符合读者的认知规律。本书原则上在保留前版教材的基本体系和风格的基础上，依据职业教育"以就业为导向，以能力为本位"的指导思想，紧密联系职业教育的实际，在以下方面做出了部分调整与修改。

（1）通过移动互联网技术，在六个典型项目中，以嵌入二维码的形式，配套了部分教学视频、教学课件等数字资源，以满足师生新形态下学习的需要。

（2）在认识三相异步电动机部分，根据教学过程中知识衔接的需要，将常用低压电器部分单独作为一个任务进行详细介绍，以加强学生在低压电器选用方面的技能。

（3）参照最新国家职业技能标准中的工作内容、相关知识、技能要求等选择相关考核内容，以利于学生参加职业技能鉴定与考核。

（4）在各个项目的教学过程融入思政元素，从国家意识、品德修养以及人格养成等层面进行价值引领，培养学生的爱国精神、奉献精神和创新精神。

本书由江苏联合职业技术学院无锡机电分院李坤、刘辉担任主编（编写项目一、三并统稿），参与编写的有江苏联合职业技术学院无锡机电分院周江涛、姜锋（分别编写项目四、六）、江苏联合职业技术学院张家港分院陈洪伟（编写项目五）、南京广播电视大学（高淳分校）陈运亮（编写项目二），全书由全国中等职业教育课程改革国家规划新教材选题立项评审专家邵泽强教授主审。本书在编写过程中得到了上述作者单位的大力支持，在此向所有支持、帮助本书编写的单位和人员表示衷心的感谢！

本书可作为五年制高等职业、高等专业院校电气自动化技术专业及相关专业的教材，也可供相关专业工程技术人员参考。由于编者水平有限，难免存在错误、不足与疏漏之处，敬请读者批评指正。

编　者

目　　录

项目一　认识三相异步电动机

项目描述

　　实现电能与机械能相互转换的电工设备总称为电机。电机是利用电磁感应原理实现电能与机械能的相互转换。把机械能转换成电能的设备称为发电机，而把电能转换成机械能的设备称为电动机。

　　在生产上主要用的是交流电动机，特别是三相异步电动机（图1-1）。因为它具有结构简单、坚固耐用、运行可靠、价格低廉、维护方便等优点，被广泛地用来驱动各种金属切削机床、起重机、锻压机、传送带、铸造机械、功率不大的通风机及水泵等。

　　对于各种电动机我们应该了解以下几个方面的问题：（1）基本构造；（2）工作原理；（3）表示转速与转矩之间关系的机械特性；（4）启动、调速及制动的基本原理和基本方法；（5）应用场合和如何正确使用。

图1-1　三相步异步电动机

学习目标

知识目标

　　（1）了解三相异步电动机的构造、分类及额定值。

　　（2）理解三相异步电动机的工作原理。

（3）理解三相异步电动机的转矩特性与机械特性。

能力目标

（1）学会识别与绘制常用低压电气元件符号。
（2）学会三相异步电动机铭牌的读数方法。
（3）掌握三相异步电动机的简单使用方法。

任务一　三相异步电动机的结构与工作原理

【学习目标】

三相异步电动机的
转矩特性与机械特性

（1）理解三相异步电动机的构造与铭牌数据。
（2）掌握三相异步电动机的工作原理。

【相关知识】

一、三相异步电动机的构造

　　三相异步电动机由固定的定子和旋转的转子两个基本部分组成，转子装在定子内腔里，借助轴承被支撑在两个端盖上。为了保证转子能在定子内自由转动，定子和转子之间必须有一间隙，称为气隙。电动机的气隙是一个非常重要的参数，其大小及对称性等对电动机的性能有很大影响。图 1 - 2 所示为三相鼠笼式异步电动机的外形图；图 1 - 3 所示为三相鼠笼式异步电动机主要部件的拆分图；图 1 - 4 所示为三相异步电动机的结构示意图。

图 1 - 2　三相鼠笼式异步电动机的外形图

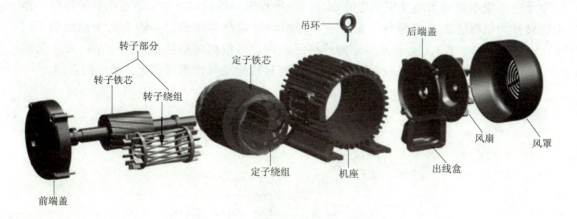

图 1 - 3 三相鼠笼式异步电动机主要部件的拆分图

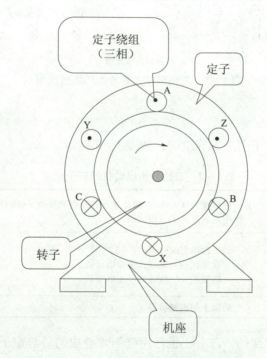

图 1 - 4 三相异步电动机的结构示意图

1. 定子

三相异步电动机的定子由三部分组成，如表 1 - 1 所示。

表 1 - 1 三相异步电动机的定子组成

定子	定子铁芯	由厚度为 0.5 mm、相互绝缘的硅钢片叠成，硅钢片内圆上有均匀分布的槽，其作用是嵌放定子三相绕组 AX、BY、CZ
	定子绕组	由三组漆包线绕制好，对称地嵌入定子铁芯槽内的相同的线圈。这三相绕组可接成星形或三角形
	机座	机座由铸铁或铸钢制成，其作用是固定铁芯和绕组

定子三相绕组是异步电动机的电路部分，在异步电动机的运行中起着很重要的作用，是把电能转换为机械能的关键部件。定子三相绕组的结构是对称的，一般有六个出线端 U1、U2、V1、V2、W1、W2，置于机座外侧的接线盒内，可根据需要接成星形（Y）或三角形（△），如图 1－5 所示。定子三相绕组的构成、连接规律及其作用将在第二节专门介绍。

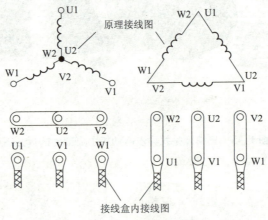

图 1－5　三相鼠笼式异步电动机出线端

2. 转子

三相异步电动机的转子由三部分组成，如表 1－2 所示。

表 1－2　三相异步电动机的转子组成

转子	转子铁芯	由厚度为 0.5 mm、相互绝缘的硅钢片叠成，硅钢片外圆上有均匀分布的槽，其作用是嵌放转子三相绕组
	转子绕组	转子绕组有两种形式： 鼠笼式——鼠笼式异步电动机； 绕线式——绕线式异步电动机
	转轴	转轴上加机械负载

转子铁芯是电动机磁路的一部分，也是用硅钢片叠成的。与定子铁芯冲片不同的是，转子铁芯冲片是在冲片的外圆上开槽，叠装后的转子铁芯外圆柱面上均匀地形成许多形状相同的槽，用以放置转子绕组，如图 1－6 所示。

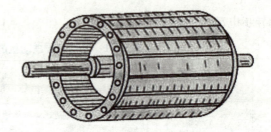

图 1－6　转子铁芯

转子绕组是异步电动机电路的另一部分,其作用为切割定子磁场,产生感应电动势和电流,并在磁场作用下受力而使转子转动。其结构可分为鼠笼式转子绕组和绕线式转子绕组两种类型。这两种转子各自的主要特点是:鼠笼式转子结构简单、制造方便、经济耐用;绕线式转子结构复杂、价格贵,但转子回路可引入外加电阻来改善启动和调速性能。

3. 气隙

异步电动机的气隙是很小的,中小型电动机一般为 0.2 ~ 2 mm。气隙越大,磁阻越大,要产生同样大小的磁场,就需要较大的励磁电流。由于气隙的存在,异步电动机的磁路磁阻远比变压器的大,因而异步电动机的励磁电流也比变压器的大得多。变压器的励磁电流约为额定电流的 3%,异步电动机的励磁电流约为额定电流的 30%。励磁电流是无功电流,因而励磁电流越大,功率因数越低。为提高异步电动机的功率因数,必须减少它的励磁电流,最有效的方法是尽可能缩短气隙长度。但是气隙过小会使装配困难,还有可能使定子、转子在运行时发生摩擦或碰撞,因此,气隙的最小值由制造工艺以及运行安全可靠等因素决定。

鼠笼式电动机由于构造简单、价格低廉、工作可靠、使用方便,成为生产上应用最广泛的一种电动机。

二、异步电动机的分类

异步电动机按定子相数可分为三相、单相和两相异步电动机三类。除 200 W 以下的电动机多做成单相异步电动机外,现代动力用电动机大多为三相异步电动机。两相异步电动机主要用于微型控制电动机。

按照转子形式,异步电动机可分为鼠笼式转子和绕线式转子两大类。鼠笼转子又分为普通鼠笼转子、深槽型鼠笼转子和双鼠笼转子三种。三相鼠笼式异步电动机外形如图1-7所示,三相绕线式异步电动机外形如图1-8所示。

图 1-7　三相鼠笼式异步电动机外形

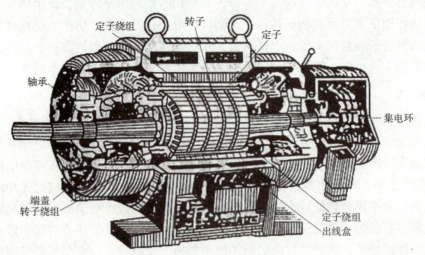

图 1-8　三相绕线式异步电动机外形

根据机壳不同的保护方式，异步电动机可分为开启式、防护式、封闭式和防爆式等。

防护式异步电动机具有防止外界杂物落入电动机内的防护装置，一般在转轴上装有风扇，冷却空气进入电动机内部冷却定子绕组端部及定子铁芯后将热量带出来。JZ系列电动机是鼠笼转子防护式异步电动机，JR系列电动机是绕线转子防护式异步电动机，如图1-9所示。

封闭式异步电动机的内部和外部的空气是隔开的。它的冷却是依靠装在机壳外面转轴上的风扇吹风，借机座上的散热片将电动机内部发散出来的热量带走。这种电动机主要用于尘埃较多的场所，如机床上使用的电动机。JOR系列及Y系列电动机就属于这种类型。

防爆式异步电动机为全封闭式，它将内部与外界的易燃、易爆性气体隔离。这种电动机多用于有汽油、酒精、天然气、煤气等气体较多的地方，如矿井或某些化工厂。

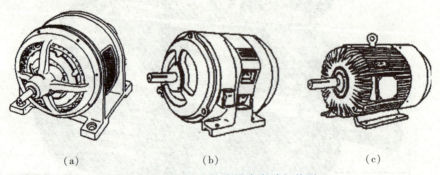

（a）　　　　　　　　　（b）　　　　　　　　　（c）

图 1-9　三相鼠笼式异步电动机外形
（a）开启式；（b）防护式；（c）封闭式

三、异步电动机的铭牌和额定值

每台异步电动机机壳上都装有铭牌，把它的运行额定值印刻在上面，如表1-3所示。

表 1 – 3 三相异步电动机铭牌

三相异步电动机			
型号 Y – 112M – 4		编号	
4. 0 kW		8. 8 A	
380 kV	1 440 r/min	LW82dB	
接法△	防护等级 IP44	50 Hz	45 kg
标准编号	工作制 SI	B 级绝缘	年 月
电机厂			

电动机按铭牌上所规定的条件运行时，称为电动机的额定运行状态。国家标准规定，异步电动机的额定值主要有以下几个。

（1）额定功率 P_N：电动机在制造厂（铭牌）所规定的额定运行状态下运行时，轴端输出的机械功率，单位为 W 或 kW。

（2）定子额定电压 U_N：电动机在额定状态下运行时，定子绕组应加的线电压，单位为 V 或 kV。

（3）定子额定电流 I_N：电动机在额定电压下运行，输出额定功率时，流入定子绕组的电流，单位为 A。

三相异步电动机的额定功率为

$$P_N = \sqrt{3} U_N I_N \eta_N \cos\varphi_N \qquad (1-1)$$

式中 η_N——额定运行时异步电动机的效率；

$\cos\varphi_N$——额定运行时异步电动机的功率因数。

（4）额定转速 n_N：电动机在额定状态下运行时，转子的转速，单位为 r/min。

（5）额定频率 f_N：我国工频为 50 Hz。

除上述数据外，铭牌上有时还标明定子相数和绕组接法、额定运行时电动机的功率因数、效率、温升或绝缘等级、定额等。对绕线转子异步电动机还标出定子加额定电压、转子开路时集电环间的转子电压和转子的额定电流等数据。下面对绕组接法、温升和定额做简要的说明。

绕组接法：三相异步电动机的定子绕组可接成星形或三角形，视额定电压和电源电压的配合情况而定。例如，星形接法时额定电压为 380 V，若改为三角形时就可用在 220 V 的电源上。为了满足这种改接的需要，通常把三相绕组的 6 个端头都引到接线板上，以便于采用两种不同的接法，如图 1 – 10、图 1 – 11 所示。

温升：指电动机按规定方式运行时，绕组容许的温度升高，即绕组的温度比周围空气温度高出的数值。容许温升的高低取决于电动机所使用的绝缘材料。例如，Y 系列电动机一般采用 B 级绝缘，其最高容许温度为 130 ℃，如周围空气温度按 40 ℃ 计算，并计入 10 ℃ 的裕量，则 B 级绝缘的容许温升为 130 –（40 + 10）= 80（℃）。

定额：我国电动机的定额分为三类，即连续定额、短时定额和断续定额。连续定额是指电动机按铭牌规定的数据长期连续运行。短时定额和断续定额均属于间歇运行方式，即运行一段时间后就停止运行一段时间。可见，短时定额和断续定额方式下，有一段时间电动机不发热，所以，容量相同时这类电动机的体积可以做得小一些，或者连续定额的电动机用于短时定额或断续定额运行时，所带的负载可以超过铭牌上规定的数值。但是，短时定额和断续定额的电动机不能按其容量做连续运行，否则会使电动机过热而损坏。

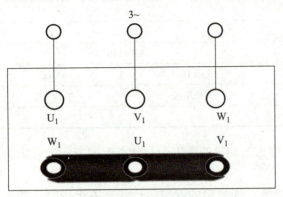

图 1-10　星形连接

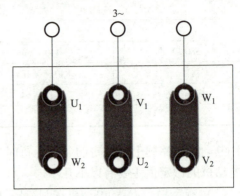

图 1-11　三角形连接

四、三相异步电动机的转动原理

1. 基本原理

为了说明三相异步电动机的工作原理，我们做了演示实验，如图 1-12 所示。

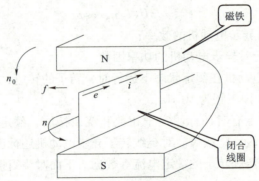

图 1-12　三相异步电动机工作原理

（1）演示实验：在装有手柄的蹄形磁铁的两极间放置一个闭合导体，当转动手柄带动蹄形磁铁旋转时，将发现导体也跟着旋转；若改变磁铁的转向，则导体的转向也跟着改变。

（2）现象解释：当磁铁旋转时，磁铁与闭合的导体发生相对运动，鼠笼式导体切割磁力线而在其内部产生感应电动势和感应电流。感应电流又使导体受到一个电磁力的作用，于是导体就沿磁铁的旋转方向转动起来，这就是异步电动机的基本原理。转子转动的方向和磁极旋转的方向相同。

（3）结论：欲使异步电动机旋转，必须有旋转的磁场和闭合的转子绕组。

2. 旋转磁场

1）产生

图 1-13 所示为最简单的三相定子绕组 AX、BY、CZ，它们在空间按互差 120° 的规律对称排列。若并接成星形与三相电源 U、V、W 相连，则三相定子绕组便通过三相对称电流：

随着电流在定子绕组中通过，在三相定子绕组中就会产生旋转磁场，如图1-13所示。

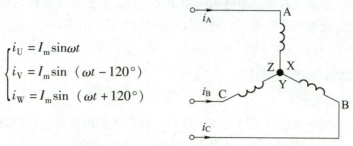

$$\begin{cases} i_U = I_m \sin\omega t \\ i_V = I_m \sin(\omega t - 120°) \\ i_W = I_m \sin(\omega t + 120°) \end{cases}$$

图1-13 三相异步电动机定子接线

当$\omega t = 0°$时，$i_A = 0$，AX绕组中无电流；i_B为负，BY绕组中的电流从Y流入、B流出；i_C为正，CZ绕组中的电流从C流入、Z流出；由右手螺旋定则可得合成磁场的方向如图1-14（a）所示。

当$\omega t = 120°$时，$i_B = 0$，BY绕组中无电流；i_A为正，AX绕组中的电流从A流入、X流出；i_C为负，CZ绕组中的电流从Z流入、C流出；由右手螺旋定则可得合成磁场的方向如图1-14（b）所示。

当$\omega t = 240°$时，$i_C = 0$，CZ绕组中无电流；i_A为负，AX绕组中的电流从X流入、A流出；i_B为正，BY绕组中的电流从B流入、Y流出；由右手螺旋定则可得合成磁场的方向如图1-14（c）所示。

可见，当定子绕组中的电流变化一个周期时，合成磁场也按电流的相序方向在空间旋转一周。随着定子绕组中的三相电流不断地做周期性变化，产生的合成磁场也不断地旋转，因此称为旋转磁场。

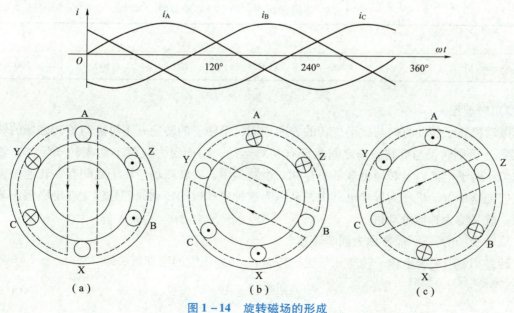

图1-14 旋转磁场的形成

（a）$\omega t = 0°$；（b）$\omega t = 120°$；（c）$\omega t = 240°$

2）旋转磁场的方向

旋转磁场的方向是由三相绕组中电流的相序决定的，若想改变旋转磁场的方向，只要改变通入定子绕组的电流相序，即将三根电源线中的任意两根对调即可。这时，转子的旋转方向也跟着改变。

3. 三相异步电动机的极数与转速

1）极数（磁极对数）p

三相异步电动机的极数就是旋转磁场的极数。旋转磁场的极数和三相绕组的安排有关。

当每相绕组只有一个线圈，绕组的始端之间相差 120°空间角时，产生的旋转磁场具有一对极，即 $p=1$。

当每相绕组为两个线圈串联，绕组的始端之间相差 60°空间角时，产生的旋转磁场具有两对极，即 $p=2$。

同理，如果要产生三对极，即 $p=3$ 的旋转磁场，则每相绕组必须有均匀安排在空间的串联的三个线圈，绕组的始端之间相差为 40°（$=120°/p$）的空间角。极数 p 与绕组的始端之间的空间角 θ 的关系为 $\theta = 120°/p$。

2）转速 n

三相异步电动机旋转磁场的转速 n_0 与电动机磁极对数 p 有关，它们的关系为

$$n_0 = \frac{60f_1}{p} \tag{1-2}$$

由式（1-2）可知，旋转磁场的转速 n_0 决定于电流频率 f_1 和磁场的极数 p。对某一异步电动机而言，f_1 和 p 通常是一定的，所以磁场转速 n_0 是个常数。

在我国，工频 $f_1 = 50\ \text{Hz}$，因此对应于不同极数 p 的旋转磁场转速 n_0 如表 1-4 所示。

表 1-4　不同极对数 p 的旋转磁场转速

p	1	2	3	4	5	6
$n_0/(\text{r}\cdot\text{min}^{-1})$	3 000	1 500	1 000	750	600	500

3）转差率 s

电动机转子转动方向与磁场旋转的方向相同，但转子的转速 n 不可能与旋转磁场的转速 n_0 相等，否则转子与旋转磁场之间就没有相对运动，因而磁力线就不切割转子导体，转子电动势、转子电流以及转矩也就都不存在。也就是说，旋转磁场与转子之间存在转速差，因此我们把这种电动机称为异步电动机，又因为这种电动机的转动原理是建立在电磁感应基础上的，故又称为感应电动机。

旋转磁场的转速 n_0 常称为同步转速。

转差率 s 用来表示转子转速 n 与磁场转速 n_0 相差程度的物理量，即

$$s = \frac{n_0 - n}{n_0} = \frac{\Delta n}{n_0} \tag{1-3}$$

转差率是异步电动机的一个重要的物理量。

当旋转磁场以同步转速 n_0 开始旋转时，转子则因机械惯性尚未转动，转子的瞬间转速

$n = 0$，这时转差率 $s = 1$。转子转动起来之后，$n > 0$，$(n_0 - n)$ 差值减小，电动机的转差率 $s < 1$。如果转轴上的阻转矩加大，则转子转速 n 降低，即异步程度加大，才能产生足够大的感应电动势和电流，产生足够大的电磁转矩，这时的转差率 s 增大。反之，s 减小。异步电动机运行时，转速与同步转速一般很接近，转差率很小。在额定工作状态下为 0.015 ~ 0.06。

根据式（1-3），可以得到电动机的常用转速公式为

$$n = (1 - s)n_0 \qquad\qquad (1-4)$$

例 有一台三相异步电动机，其额定转速 $n = 975$ r/min，电源频率 $f = 50$ Hz，求电动机的极数和额定负载时的转差率 s。

解：由于电动机的额定转速接近而略小于同步转速，而同步转速对应于不同的极数有一系列固定的数值。显然，与 975 r/min 最相近的同步转速 $n_0 = 1\,000$ r/min，与此相应的磁极对数 $p = 3$。因此，额定负载时的转差率为

$$s = \frac{n_0 - n}{n_0} \times 100\% = \frac{1\,000 - 975}{1\,000} \times 100\% = 2.5\%$$

4. 三相异步电动机的定子电路与转子电路

三相异步电动机中的电磁关系同变压器类似，定子绕组相当于变压器的原绕组，转子绕组（一般是短接的）相当于副绕组。若给定子绕组接上三相电源电压，则定子中就有三相电流通过，此三相电流产生旋转磁场，其磁力线通过定子和转子铁芯而闭合，这个磁场在转子和定子的每相绕组中都要感应出电动势。

【总结】

（1）三相异步电动机的两个基本组成部分为定子（固定部分）和转子（旋转部分）。

（2）欲使异步电动机旋转，必须有旋转的磁场和闭合的转子绕组，并且旋转的磁场和闭合的转子绕组的转速不同，这也是"异步"二字的含义。

（3）三相电源流过在空间互差一定角度按一定规律排列的三相绕组时，便会产生旋转磁场。

（4）旋转磁场的方向是由三相绕组中电源相序决定的。

（5）三相异步电动机旋转磁场的转速 n_0 与电动机磁极对数 p 有关，即

$$n_0 = \frac{60 f_1}{p}$$

（6）转差率 s 用来表示转子转速 n 与磁场转速 n_0 相差程度的物理量，即

$$s = \frac{n_0 - n}{n_0} = \frac{\Delta n}{n_0}$$

转差率是异步电动机的一个重要的物理量，异步电动机运行时，转速与同步转速一般很接近，转差率很小。在额定工作状态下为 0.015 ~ 0.06。

（7）三相异步电动机中的电磁关系同变压器类似，定子绕组相当于变压器的原绕组，转子绕组（一般是短接的）相当于副绕组。

任务二 三相异步电动机的转矩特性与机械特性

三相异步电动机的
转矩特性与机械特性

【学习目标】

（1）理解三相异步电动机的转矩特性与机械特性。

（2）学会三相异步电动机的负载能力自适应分析。

【相关知识】

一、电磁转矩

电磁转矩简称转矩。异步电动机的转矩 T 是由旋转磁场的每极磁通 Φ 与转子电流 I_2 相互作用而产生的。电磁转矩的大小与转子绕组中的电流 I 及旋转磁场的强弱有关。

经理论证明，它们的关系为

$$T = K_T \Phi I_2 \cos\varphi_2 \qquad\qquad (1-5)$$

式中　T——电磁转矩；

　　　K_T——与电动机结构有关的常数；

　　　Φ——旋转磁场每个极的磁通量；

　　　I_2——转子绕组电流的有效值；

　　　φ_2——转子电流滞后于转子电势的相位角。

若考虑电源电压及电动机的一些参数与电磁转矩的关系，式（1-5）修正为

$$T = K_T' \frac{sR_2 U_1^2}{R_2^2 + (sX_{20})^2} \qquad\qquad (1-6)$$

式中　K_T'——常数；

　　　U_1——定子绕组的相电压；

　　　s——转差率；

　　　R_2——转子每相绕组的电阻；

　　　X_{20}——转子静止时每相绕组的感抗。

由上式可知，转矩 T 还与定子每相电压 U_1 的平方成比例，所以当电源电压有所变动时，对转矩的影响很大。此外，转矩 T 还受转子电阻 R_2 的影响。

二、机械特性曲线

在一定的电源电压 U_1 和转子电阻 R_2 下，电动机的转矩 T 与转差率 s 之间的关系曲线 $T = f(s)$ 或转速与转矩的关系曲线 $n = f(T)$，这被称为电动机的机械特性，它可根据式（1-5）得出，如图1-15所示。

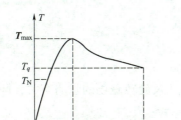
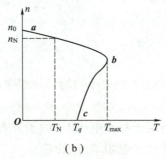

（a）　　　　　　　　　　（b）

图 1－15　三相异步电动机的机械特性曲线
(a) $T=f(s)$ 曲线；(b) $n=f(T)$ 曲线

在机械特性曲线上我们要讨论以下三个转矩。

1. 额定转矩 T_N

额定转矩 T_N 是异步电动机带额定负载时，转轴上的输出转矩。

$$T_N = 9\ 550\frac{P_2}{n} \tag{1-7}$$

式中　P_2——电动机轴上输出的机械功率，其单位是 W；

　　　n——转速，其单位是 r/min；

　　　T_N——额定转矩，其单位是 N·m。

当忽略电动机本身机械摩擦转矩 T_0 时，阻转矩近似为负载转矩 T_L，电动机做等速旋转时，电磁转矩 T 必与阻转矩 T_L 相等，即 $T=T_L$。额定负载时，则有 $T_N=T_L$。

2. 最大转矩 T_m

T_m 又称为临界转矩，是电动机可能产生的最大电磁转矩，它反映了电动机的过载能力。最大转矩的转差率为 s_m，此时的 s_m 叫作临界转差率，如图 1－15（a）所示。

最大转矩 T_m 与额定转矩 T_N 之比称为电动机的过载系数 λ，即

$$\lambda = T_m / T_N$$

一般三相异步的过载系数为 1.8~2.2。

在选用电动机时，必须考虑可能出现的最大负载转矩，而后根据所选电动机的过载系数算出电动机的最大转矩，它必须大于最大负载转矩，否则，就要重选电动机。

3. 启动转矩 T_{st}

T_{st} 为电动机启动初始瞬间的转矩，即 $n=0$，$s=1$ 时的转矩。

为确保电动机能够带额定负载启动，必须满足：$T_{st}>T_N$，一般的三相异步电动机有 $T_{st}/T_N=1~2.2$。

三、电动机的负载能力自适应分析

电动机在工作时，它所产生的电磁转矩 T 的大小能够在一定的范围内自动调整以适应负载的变化，这种特性称为自适应负载能力。

$T_L\uparrow=>n\downarrow=>s\uparrow=>I_2\uparrow=>T\uparrow$ 直至新的平衡。此过程中，$I_2\uparrow$ 时，$I_1\uparrow$，电源提

供的功率自动增加。

【总结】

（1）电磁转矩 T 的大小与转子绕组中的电流 I 及旋转磁场的强弱有关，即

$$T = K_T \Phi I_2 \cos\varphi_2$$

转矩 T 还与定子每相电压 U_1 的平方成比例，所以电源电压变动对转矩的影响很大。此外，转矩 T 还受转子电阻 R_2 的影响。

（2）在一定的电源电压 U_1 和转子电阻 R_2 下，电动机的转矩 T 与转差率 s 之间的关系曲线 $T = f(s)$ 或转速与转矩的关系曲线 $n = f(T)$，这被称为电动机的机械特性曲线。其特性如图 1 – 15 所示。

（3）三个转矩：

①额定转矩 T_N。

额定转矩 T_N 是异步电动机带额定负载时转轴上的输出转矩。

$$T_N = 9\ 550\ \frac{P_2}{n}$$

②最大转矩 T_m。

T_m 又称为临界转矩，是电动机可能产生的最大电磁转矩。它反映了电动机的过载能力。

③启动转矩 T_{st}。

T_{st} 为电动机启动初始瞬间的转矩，即 $n = 0$，$s = 1$ 时的转矩。

④电动机的负载能力自适应分析。

电动机在工作时，它所产生的电磁转矩 T 的大小能够在一定的范围内自动调整以适应负载的变化，这种特性称为自适应负载能力。

任务三　常用低压电器基本知识

【学习目标】

常用低压电器元件

（1）熟悉低压电器的分类及主要性能参数。
（2）熟悉几种常用低压电器的工作原理及电路符号。

【相关知识】

一、低压电器的分类

用于接通或断开电路或对电路和电气设备进行保护、控制和调节的电工器件称为电器。工作在交流 1 200 V 或直流 1 500 V 及以上电路中的电器称为高压电器，而用于交流 1 200 V

或直流 1 500 V 及以下电路中的电器称为低压电器。

1. 按用途分类

1）配电电器

配电电器主要用于供配电系统中实现对电能的输送、分配和保护，如熔断器、断路器、开关及保护继电器等。

2）控制电器

控制电器主要用于生产设备自动控制系统中对设备进行控制、检测和保护，如接触器、控制继电器、主令电器、启动器、电磁阀等。

2. 按接触头的动力来源分类

1）手动电器

手动电器是指通过人力驱动使触头动作的电器，如刀开关、按钮、转换开关等。

2）自动电器

自动电器指的是通过非人力驱动使触头动作的电器，如接触器通过人力驱动使触头动作的电器，如继电器、热继电器等。

3. 按电器的工作环境分类

其可分为一般用途的低压电器和特殊用途的低压电器。

二、低压电器的主要性能参数

1. 额定电压（额定工作电压）

低压电器在规定条件下长期工作时，能保证电器正常工作的电压值。通常是指主触头的额定电压。有电磁机构的控制电器还规定了吸引线圈的额定电压。

2. 额定电流（额定工作电流）

额定电流是根据电器在具体的使用条件下，能保证电器正常工作时的电流值。它与规定的使用条件（电压等级、电网频率、工作制、使用类别等）有关，同一电器在不同的使用条件下，有不同的额定电流等级。

3. 通断能力

通断能力为低压电器在规定的条件下，能可靠接通和分断的最大电流。通断能力与电器的额定电压、负载性质、灭弧方法等因素有很大关系。

4. 电气寿命

电气寿命是指低压电器在规定条件下，在不需维修或更换零件时的负载操作的循环次数。

5. 机械寿命

机械寿命是指低压电器在需要维修或更换机械零件前所能承受的无载操作次数。

此外，还有线圈的额定参数、辅助触头的额定参数。

三、低压开关

低压开关是一种配电电器，在供配电系统和设备自动控制系统中通常用于电源隔离，有时也可用于不频繁接通和断开小电流配电电路或直接控制小容量电动机的启动和停止。

低压开关一般为手动电器，常用的有刀开关、低压断路器等。

1. 刀开关

刀开关又叫闸刀开关，一般用于不频繁操作的低压电路中，用作接通和切断电源，有时也用来控制小容量电动机的直接启动与停机。刀开关的电路符号如图 1−16 所示。

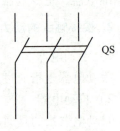

图 1−16 刀开关的电路符号

刀开关由闸刀（动触头）、静插座（静触头）、手柄和绝缘底板等组成。

刀开关的种类很多，按极数（刀片数）分为单极、双极和三极；按结构分为平板式和条架式；按操作方式分为直接手柄操作式、杠杆操作机构式和电动操作机构式；按转换方向分为单投和双投等。

刀开关一般与熔断器串联使用，以便在短路或过负荷时熔断器熔断而自动切断电路。

2. 低压断路器

1）低压断路器的功能

低压断路器又叫自动空气开关或自动空气断路器，简称断路器。它集控制和多种保护功能于一体，在电路正常工作时，它作为电源开关接通和分断电路；当电路发生短路、过载和失压等故障时，它能自动跳闸切断故障电路，从而保护电路和电气设备。

2）低压断路器的分类

低压断路器按结构形式可分为塑壳式、万能式、限流式、灭磁式和漏电保护式五类；按操作方式可分为人力操作式、动力操作式和储能操作式；按极数可分为单极、二极、三极和四极；按安装方式又可分为固定式、插入式和抽屉式。在电力拖动系统中常用的是 DZ 系列塑壳式低压断路器。

3）低压断路器的结构及原理

DZ5−20 型低压断路器的结构如图 1−17 所示。它由触头系统、保护装置、灭弧装置、操作机构等部分组成。触头系统一般由主触头、弧触头和辅助触头组成；灭弧装置采用栅片灭弧方法；保护装置由各类脱扣器完成短路、过载、失压等保护功能。脱扣器类型按保护功能分为过电流脱扣器、失压脱扣器和热脱扣器。低压断路器由三对主触头组成，串联在被控制的三相电路中，用以接通和分断主回路的大电流。当电路出现短路、过载等故障时，断路器会自动跳闸切断电路。其电气符号如图 1−18 所示。

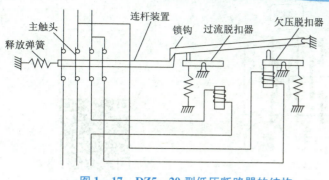

图 1-17　DZ5-20 型低压断路器的结构

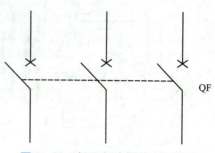

图 1-18　低压断路器的电气符号

四、熔断器

1. 熔断器的基本知识

熔断器广泛应用在低压供配电系统中。熔断器主要作短路或过载保护用，串联在被保护的电路中。电路正常工作时如同一根导线，起通路作用；当电路短路或过载时熔断器熔断，起到保护电路上其他电气设备的作用。熔断器电路符号如图 1-19 所示。

熔断器的结构有管式、磁插式、螺旋式等几种。其核心部分熔体（熔丝或熔片）是用电阻率较高的易熔合金制成的，如铅锡合金，或者用截面积较小的导体制成。

图 1-19　熔断器电路符号

2. 熔体额定电流 I_F 的选择

（1）无冲击电流的场合（如电灯、电炉）$I_F \geq I_L$。

（2）一台电动机的熔体：熔体额定电流 $\geq$ 电动机的启动电流 $\div 2.5$。

如果电动机启动频繁，则

熔体额定电流 $\geq$ 电动机的启动电流 $\div (1.6 \sim 2)$

（3）几台电动机合用的总熔体：熔体额定电流 $= (1.5 \sim 2.5) \times$ 容量最大的电动机的额定电流 $+$ 其余电动机的额定电流之和。

五、交流接触器

接触器是一种自动开关，是电力拖动中主要的控制电器之一，它分为直流和交流两类。其中，交流接触器常用来接通和断开电动机或其他设备的主电路。图 1-20 所示为交流接触器的结构。接触器主要由电磁铁和触头两部分组成。它是利用电磁铁的吸引力而动作的。当电磁线圈通电后，吸引"山"字形动铁芯（上铁芯），而使常开触头闭合。

根据用途的不同，接触器的触头分主触头和辅助触头两种。辅助触头通过的电流较小，常接在电动机的控制电路中；主触头能通过较大的电流，常接在电动机的主电路中。例如，CJ10-20 型交流接触器有三个常开主触头和四个辅助触头（两个常开，两个常闭）。

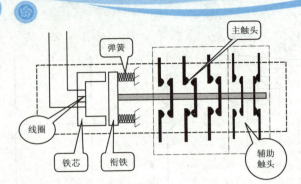

图 1 - 20　交流接触器的结构

交流接触器工作原理

当主触头断开时，其间产生电弧，会烧坏触头，并使电路分断时间拉长，因此，必须采取灭弧措施。通常交流接触器的触头都做成桥式结构，它有两个断点，以降低触头断开时加在断点上的电压，使电弧容易熄灭，同时各相间装有绝缘隔板，可防止短路。在电流较大的接触器中还专门设有灭弧装置。接触器的电路符号如图 1 - 21 所示。

在选用接触器时，应注意它的额定电流、线圈电压及触头数量等。CJ10 系列接触器的主触头额定电流有 5 A、10 A、20 A、40 A、75 A、120 A 等类型。

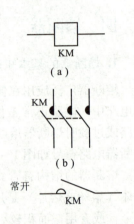
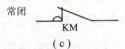

图 1 - 21　接触器的电路符号
（a）接触器线圈；
（b）主触头——用于主电路；
（c）辅助触头——用于控制电路

六、热继电器

热继电器是被用来保护电动机，使之免受长期过载危害的继电器。

热继电器是利用电流的热效应而动作的，它的工作原理如图 1 - 22 所示。图 1 - 22 中热元件是一段电阻值不大的电阻丝，接在电动机的主电路中的双金属片，由两种具有不同膨胀系数的金属片碾压而成，亦可采用冷结合，其中，下层金属的膨胀系数大，上层的小。当主电路中电流超过容许值，双金属片受热向上弯曲致使脱扣，扣板在弹簧的拉力作用下将常闭触头断开。触头是接在电动机的控制电路中的，控制电路断开使接触器的线圈断电，从而断开电动机的主电路。

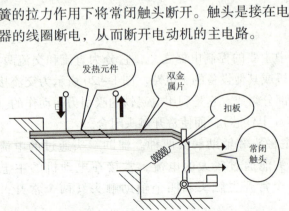

图 1 - 22　热继电器的工作原理

低压电器 - 热继电器的工作原理

由于热惯性，热继电器不能作短路保护用，因为发生短路事故时，要求电路立即断开，而热继电器是不能立即动作的。但是这个热惯性又合乎要求，如在电动机启动或短时过载时，由于热惯性热继电器不会动作，这可避免电动机不必要的停车。如果要使热继电器复位，则需按下复位按钮。

常用的热继电器有 JR0、JR10 及 JR16 等系列。热继电器的主要技术参数是整定电流。所谓整定电流，就是热元件通过的电流超过此值的 20% 时，热继电器应当在 20 min 内动作。JR0 - 40 型的整定电流为 0.6 ~ 40 A，共有九种规格。选用热继电器时，应使其整定电流与电动机的额定电流基本一致。

七、主令电器

1. 控制按钮

控制按钮在低压控制电路中用于手动发出控制信号及远距离控制，也称为按钮，用以接通和分断 5 A 以下的小电流电路。它的结构和电路符号如图 1 - 23 所示。

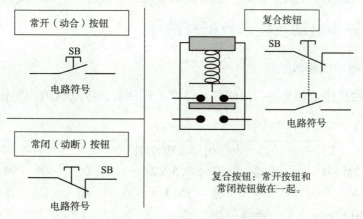

图 1 - 23   按钮的结构和电路符号

按钮上的触头分为常开触头和常闭触头，由于按钮的结构特点，按钮只起发出"接通"和"断开"信号的作用。

2. 行程开关

行程开关又称限位开关，它的作用是将机械位移转变为触头的动作信号，以控制机械设备运动。在机电设备的行程控制中有很大作用。行程开关结构与按钮类似，但其动作要由机械撞击，用作电路的限位保护、行程控制、自动切换等。其结构示意图和电路符号如图 1 - 24 所示。

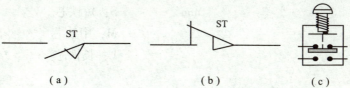

图 1 - 24   行程开关结构示意图和电路符号

（a）常开电路符号；（b）常闭电路符号；（c）结构示意图

任务四　三相异步电动机的使用

【学习目标】

（1）理解三相异步电动机的技术数据及启动调速。
（2）学会三相异步电动机的简单控制电路。

【相关知识】

电动机或其他电气设备电路的接通或断开，目前普遍采用继电器、接触器、按钮及开关等控制电器来组成控制系统进行控制。这种控制系统一般称为继电器－接触器控制系统。

一、三相异步电动机技术数据及选择

1. 三相异步电动机技术数据

每台电动机的机座上都装有一块铭牌。铭牌上标注有该电动机的主要性能和技术数据，如图1-25所示。

三相异步电动机					
型　　号	Y132M-4	功　　率	7.5 kW	频　　率	50 Hz
电　　压	380 V	电　　流	15.4 A	接　　法	△
转　　速	1 440 r/min	绝缘等级	E	工作方式	连续
温　　升	80℃	防护等级	IP44	质　　量	55kg
年　月　编号					××电机厂

图1-25　铭牌

1）型号

为满足不同用途和不同工作环境的需要，电机制造厂把电动机制成各种系列，每个系列的不同电动机用不同的型号表示，如

<u>Y</u>　　　　　<u>315</u>　　　　　<u>S</u>　　　　　<u>6</u>
三相异步电动机　机座中心高　机座长度代号　极数
　　　　　　　　　　mm　　　　　S：短铁芯
　　　　　　　　　　　　　　　　M：中铁芯
　　　　　　　　　　　　　　　　L：长铁芯

2）接法

接法指电动机三相定子绕组的连接方式。

一般鼠笼式电动机的接线盒中有六根引出线，标有U1、V1、W1、U2、V2、W2，其中：

U1、V1、W1 是每一相绕组的始端；

U2、V2、W2 是每一相绕组的末端。

三相异步电动机的连接方法有两种：星形（Y）连接和三角形（△）连接。通常三相异步电动机功率在 4 kW 以下者接成星形；在 4 kW（不含）以上者，接成三角形。

3）电压

铭牌上所标的电压值是指电动机在额定运行时定子绕组上应加的线电压值。一般规定电动机的电压不应高于或低于额定值的 5%。

必须注意：在低于额定电压下运行时，最大转矩 T_{max} 和启动转矩 T_{st} 会显著地降低，这对电动机的运行是不利的。

三相异步电动机的额定电压有 380 V、3 000 V 及 6 000 V 等规格。

4）电流

铭牌上所标的电流值是指电动机在额定运行时定子绕组的最大线电流的允许值。

当电动机空载时，转子转速接近于旋转磁场的转速，两者之间相对转速很小，所以转子电流近似为零，这时定子电流几乎全为建立旋转磁场的励磁电流。当输出功率增大时，转子电流和定子电流都随着增大。

5）功率与效率

铭牌上所标的功率值是指电动机在规定的环境温度下，在额定运行时电极轴上输出的机械功率值。输出功率与输入功率不等，其差值等于电动机本身的损耗功率，包括铜损、铁损及机械损耗等。

效率 η 就是输出功率与输入功率的比值。一般鼠笼式电动机在额定运行时的效率为 72% ~93%。

6）功率因数

因为电动机是电感性负载，定子相电流比相电压滞后一个 φ 角，$\cos\varphi$ 就是电动机的功率因数。三相异步电动机的功率因数较低，在额定负载时为 0.7 ~0.9，而在轻载和空载时更低，空载时只有 0.2 ~0.3。

选择电动机时应注意其容量，防止"大马拉小车"，并力求缩短空载时间。

7）转速

该转速指的是电动机额定运行时转子的转速，单位为 r/min。

不同的极数对应有不同的转速等级。最常用的是四极的（$n_0 = 1\ 500$ r/min）。

8）绝缘等级

绝缘等级是按电动机绕组所用的绝缘材料在使用时容许的极限温度来分级的。

极限温度是指电动机绝缘结构中最热点的最高容许温度。绝缘等级如表 1 - 5 所示。

表 1 - 5　绝缘等级

绝缘等级	环境温度40 ℃时的容许温升/℃	极限允许温度/℃
A	65	105
E	80	120
B	90	130

2. 三相异步电动机的选择

正确选择电动机的功率、种类和形式是极为重要的。

1）功率的选择

电动机功率的选择应根据负载的情况确定，选大了虽然能保证其正常运行，但是不经济，电动机效率和功率因数都不高；选小了就不能保证电动机和生产机械的正常运行，不能充分发挥生产机械的效能，并使电动机由于过载而过早地损坏。

（1）连续运行电动机功率的选择。

对连续运行的电动机，先算出生产机械的功率，所选电动机的额定功率等于或稍大于生产机械的功率即可。

（2）短时运行电动机功率的选择。

如果没有合适的专为短时运行设计的电动机，可选用连续运行的电动机。由于热惯性，在短时运行时可以容许过载。工作时间越短，过载可以越大，但电动机的过载是受到限制的，通常是根据过载系数 λ 来选择短时运行电动机的功率。电动机的额定功率可以是生产机械所要求的功率的 $1/\lambda$。

2）种类和形式的选择

（1）种类的选择。

选择电动机的种类是从交流或直流、机械特性、调速与启动性能、维护及价格等方面来考虑的。

① 交、直流电动机的选择。

如没有特殊要求，一般都应采用交流电动机。

② 鼠笼式与绕线式的选择。

三相鼠笼式异步电动机结构简单、坚固耐用、工作可靠、价格低廉、维护方便、但调速困难、功率因数较低、启动性能较差。因此在要求机械特性较硬而无特殊调速要求的一般生产机械的拖动应尽可能采用鼠笼式异步电动机。因此只有在不方便采用鼠笼式异步电动机时才采用绕线式电动机。

（2）结构形式的选择。

电动机常制成以下几种结构形式：

① 开启式。

该式电动机在构造上无特殊防护装置，用于干燥无灰尘的场所，通风非常良好。

② 防护式。

该式电动机在机壳或端盖下面有通风罩，以防铁屑等杂物掉入。也有将外壳做成挡板状的，以防在一定角度内有雨水溅入其中。

③ 封闭式。

该式电动机的外壳严密封闭，靠自身风扇或外部风扇冷却，并在外壳带有散热片。在灰尘多、潮湿或含有酸性气体的场所，可采用封闭式。

④ 防爆式。

整个电动机严密封闭，用于有爆炸性气体的场所。

（3）安装结构形式的选择。

① 机座带底脚，端盖无凸缘（B3）；

② 机座不带底脚，端盖有凸缘（B5）；

③ 机座带底脚，端盖有凸缘（B35）。

（4）电压和转速的选择。

① 电压的选择。

电动机电压等级的选择要根据电动机类型、功率以及使用地点的电源电压来决定。Y 系列鼠笼式电动机的额定电压只有 380 V 一个等级。只有大功率异步电动机才采用 3 000 V 和 6 000 V。

② 转速的选择。

电动机的额定转速是根据生产机械的要求而选定的，但通常转速不低于 500 r/min。因为当功率一定时，电动机的转速越低，其尺寸越大，价格越贵，且效率也越低。因此就不如购买一台高速电动机再另配减速器来得划算。

异步电动机通常采用四极的，即同步转速 $n_0 = 1\ 500$ r/min。

例 有一 Y225M－4 型三相鼠笼式异步电动机，额定数据如表 1－6 所示。试求（1）额定电流 I_N；（2）额定转差率 s_N；（3）额定转矩 T_N、最大转矩 T_{max}、启动转矩 T_{st}。

表 1－6　额定数据

功率/kW	转速/（r·min⁻¹）	电压/V	效率/%	功率因数	I_{st}/I_N	T_{st}/T_N	T_{max}/T_N（λ）
45	1 480	380	92.3	0.88	7.0	1.9	2.2

解：（1）4～10 kW 电动机通常都采用 380 V/△接法，所以

$$I_N = \frac{P_2}{\sqrt{3}\,U_N \cos\varphi_N \eta} = \frac{45 \times 10^3}{\sqrt{3} \times 380 \times 0.88 \times 0.923} = 84.2 \ (A)$$

（2）已知电动机是四极的，即 $p = 2$，$n_0 = 1\ 500$ r/min，所以

$$s_N = \frac{n_0 - n}{n_0} = \frac{1\ 500 - 1\ 480}{1\ 500} = 0.013$$

（3）

$$T_N = 9\ 550\frac{P_N}{n_N} = 9\ 550 \times \frac{45}{1\ 480} = 290.4 \ (N \cdot m)$$

$$T_{st} = \frac{T_{st}}{T_N}T_N = 1.9 \times 290.4 = 551.8 \ (N \cdot m)$$

$$T_{max} = \lambda T_N = 2.2 \times 290.4 = 638.9 \ (N \cdot m)$$

【总结】

（1）控制电器是指在电路中起通断、保护、控制或调节作用的器件。继电器－接触器控制系统通常使用 500 V 以下的低压控制电器。

（2）电动机的铭牌数据用来标明电动机的额定值和主要技术规范，在使用中应遵守铭牌的规定。

（3）选择电动机时，应根据负载和使用环境的实际情况进行选择，选择时应注意电动

机的功率应尽可能与负载相匹配，既不宜"大"，更不宜"小马拉大车"。

二、异步电动机的启动与调速分析

1. 启动特性分析

1）启动电流 I_{st}

在刚启动时，由于旋转磁场对静止的转子有着很大的相对转速，磁力线切割转子导体的速度很快，这时转子绕组中感应出的电动势和产生的转子电流均很大。同时，定子电流必然也很大。一般中小型鼠笼式电动机定子的启动电流可达额定电流的 $5\sim7$ 倍。

注意：在实际操作时应尽可能不让电动机频繁启动。如在切削加工时，一般只是用摩擦离合器或电磁离合器将主轴与电动机轴脱开，而不是将电动机停下来。

2）启动转矩 T_{st}

电动机启动时，转子电流 I_2 虽然很大，但转子的功率因数 $\cos\varphi_2$ 很低，由公式 $T = K_T\varPhi I_2\cos\varphi_2$ 可知，电动机的启动转矩 T_{st} 较小，通常 $T_{st}/T_N = 1.1\sim2.0$。

启动转矩小可造成以下问题：（1）会延长启动时间；（2）不能在满载下启动。因此应设法提高。但启动转矩如果过大，会使传动机构受到冲击而损坏，所以一般机床的主电动机都是空载启动（启动后再切削）的，对启动转矩没有什么要求。

综上所述，异步电动机的主要缺点是启动电流大而启动转矩小。因此，必须采取适当的启动方法，以减小启动电流并保证有足够的启动转矩。

2. 鼠笼式异步电动机的启动方法

1）直接启动

直接启动又称为全压启动，就是利用闸刀开关或接触器将电动机的定子绕组直接加到额定电压下启动。

这种方法只用于小容量的电动机或电动机容量远小于供电变压器容量的场合。

2）降压启动

在启动时降低加在定子绕组上的电压，以减小启动电流，待转速上升到接近额定转速时，再恢复到全压运行。

此方法适于大中型鼠笼式异步电动机的轻载或空载启动。

（1）星形—三角形（Y—△）换接启动。

启动时，将三相定子绕组接成星形，待转速上升到接近额定转速时，再换成三角形。这样，在启动时就把定子每相绕组上的电压降到正常工作电压的 $1/\sqrt{3}$。

此方法只能用于正常工作时定子绕组为三角形连接的电动机。

这种换接启动可采用星三角启动器来实现。星三角启动器体积小、成本低、寿命长、动作可靠。

（2）自耦降压启动。

自耦降压启动是利用三相自耦变压器将电动机在启动过程中的端电压降低的原理。启动时，先把开关 Q2 扳到"启动"位置，当转速接近额定值时，将 Q2 扳向"工作"位置，切除自耦变压器。

采用自耦降压启动，也同时能使启动电流和启动转矩减小。

正常运行作星形连接或容量较大的鼠笼式异步电动机，常用自耦降压启动。

3. 三相异步电动机的调速

调速就是在同一负载下能得到不同的转速，以满足生产过程的要求。

调速的方法如下：

因为
$$s = \frac{n_0 - n}{n_0}$$

所以
$$n = (1-s)n_0 = (1-s)\frac{60f}{p}$$

可见，可通过三种途径进行调速：改变电源频率 f；改变极数 p；改变转差率 s。前两者是鼠笼式电动机的调速方法，后者是绕线式电动机的调速方法。

1）变频调速

此方法可获得平滑且范围较大的调速效果，且具有硬的机械特性；但需有专门的变频装置——由可控硅整流器和可控硅逆变器组成，设备复杂、成本较高、应用范围不广。

2）变级调速

此方法不能实现无级调速，但简单方便，常用在金属切割机床或其他生产机械上。

3）转子电路串电阻调速

在绕线式异步电动机的转子电路中，串入一个三相调速变阻器进行调速。

此方法能平滑地调节绕线式电动机的转速，且设备简单、投资少；但变阻器增加了损耗，故常用于短时调速或调速范围不太大的场合。

由以上可知，异步电动机的各种调速方法都不太理想，所以异步电动机常用于要求转速比较稳定或调速性能要求不高的场合。

4. 三相异步电动机的制动

制动是给电动机一个与转动方向相反的转矩，促使它在断开电源后很快地减速或停转。

对于电动机制动，也就是要求它的转矩与转子的转动方向相反，这时的转矩称为制动转矩。

常见的电气制动方法有以下几种。

1）反接制动

当电动机快速转动而需停转时，改变电源相序，使转子受一个与原转动方向相反的转矩而迅速停转。

注意：当转子转速接近零时，应及时切断电源，以免电动机反转。

为了限制电流，对功率较大的电动机进行制动时必须在定子电路（鼠笼式）或转子电路（绕线式）中接入电阻。

这种方法比较简单，制动力强，效果较好，但制动过程中的冲击也强烈，易损坏传动器件，且能量消耗较大，频繁反接制动会使电动机过热。有些中型车床和铣床的主轴的制动采用这种方法。

2）能耗制动

电动机脱离三相电源的同时，给定子绕组接入一直流电源，使直流电流通入定子绕组。

于是在电动机中便产生一方向恒定的磁场，使转子受到一个与转子转动方向相反的力的作用，于是产生制动转矩，实现制动。

直流电流的大小一般为电动机额定电流的 $0.5 \sim 1$ 倍。

由于这种方法是用消耗转子的动能（转换为电能）来进行制动的，所以称为能耗制动。

这种制动能量消耗小，制动准确而平稳，无冲击，但需要直流电流，在有些机床中采用这种制动方法。

3）发电反馈制动

当转子的转速 n 超过旋转磁场的转速 n_0 时，这时的转矩也是制动的。

如：当起重机快速下放重物时，重物拖动转子，使其转速 $n > n_0$，重物受到制动而等速下降。

三、三相异步电动机的控制（一）

1. 直接启动控制

直接启动即启动时把电动机直接接入电网，加上额定电压，一般来说，电动机的容量不大于直接供电变压器容量的 20% ～30% 时，都可以直接启动。

1）点动控制电路（图 1 - 26）

合上开关 S，三相电源被引入控制电路，但电动机还不能启动。按下按钮 SB，接触器 KM 线圈通电，衔铁吸合，常开主触头接通，电动机定子接入三相电源启动运转。松开按钮 SB，接触器 KM 线圈断电，衔铁松开，常开主触头断开，电动机因断电而停转。

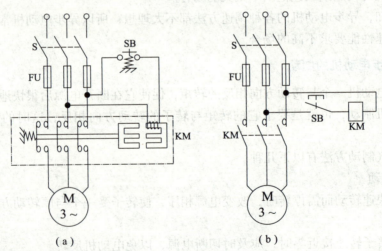

图 1 - 26　点动控制电路
(a) 接线示意图；(b) 电气原理图

2）直接启动控制电路（图 1 - 27）

（1）启动过程。按下启动按钮 SB1，接触器 KM 线圈通电，与 SB1 并联的 KM 的辅助常开触头闭合，以保证松开按钮 SB1 后 KM 线圈持续通电，串联在电动机回路中的 KM 的主触头持续闭合，电动机连续运转，从而实现连续运转控制。

（2）停止过程。按下停止按钮 SB2，接触器 KM 线圈断电，与 SB1 并联的 KM 的辅助常开触头断开，以保证松开按钮 SB2 后 KM 线圈持续失电，串联在电动机回路中的 KM 的主触头持续断开，电动机停转。

与 SB1 并联的 KM 的辅助常开触头的这种作用称为自锁。

如图 1－27 所示，控制电路还可实现短路保护、过载保护和零压保护。

起短路保护的是串接在主电路中的熔断器 FU。一旦电路发生短路故障，熔体立即熔断，电动机立即停转。

起过载保护的是热继电器 FR。当过载时，热继电器的发热元件发热，将其常闭触头断开，使接触器 KM 线圈断电，串联在电动机回路中的 KM 的主触头断开，电动机停转。同时 KM 辅助触头也断开，解除自锁。故障排除后若要重新启动，需按下 FR 的复位按钮，使 FR 的常闭触头复位（闭合）即可。

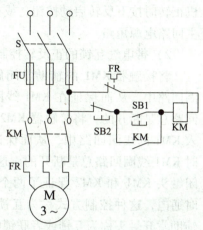

图 1－27　直接启动控制电路

起零压（或欠压）保护的是接触器 KM 本身。当电源暂时断电或电压严重下降时，接触器 KM 线圈的电磁吸力不足，衔铁自行释放，使主、辅触头自行复位，切断电源，电动机停转，同时解除自锁。

2. 正反转控制

1）简单的正反转控制电路（图 1－28）

（1）正向启动过程。按下启动按钮 SB1，接触器 KM1 线圈通电，与 SB1 并联的 KM1 的辅助常开触头闭合，以保证 KM1 线圈持续通电，串联在电动机回路中的 KM1 的主触头持续闭合，电动机连续正向运转。

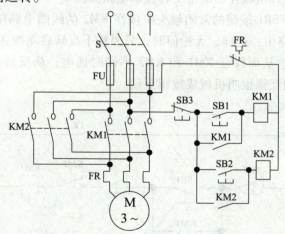

图 1－28　简单的正反转控制电路

（2）停止过程。按下停止按钮 SB3，接触器 KM1 线圈断电，与 SB1 并联的 KM1 的辅助触头断开，以保证 KM1 线圈持续失电，串联在电动机回路中的 KM1 的主触头持续断开，切断电动机定子电源，电动机停转。

（3）反向启动过程。按下启动按钮 SB2，接触器 KM2 线圈通电，与 SB2 并联的 KM2 的辅助常开触头闭合，以保证线圈持续通电，串联在电动机回路中的 KM2 的主触头持续闭合，电动机连续反向运转。

缺点：KM1 和 KM2 线圈不能同时通电，因此不能同时按下 SB1 和 SB2，也不能在电动机正转时按下反转启动按钮，或在电动机反转时按下正转启动按钮。如果操作错误，将引起主回路电源短路。

2）带电气互锁的正反转控制电路（图 1-29）

将接触器 KM1 的辅助常闭触头串入 KM2 的线圈回路中，从而保证在 KM1 线圈通电时 KM2 线圈回路总是断开的；将接触器 KM2 的辅助常闭触头串入 KM1 的线圈回路中，从而保证在 KM2 线圈通电时 KM1 线圈回路总是断开的。这样接触器的辅助常闭触头 KM1 和 KM2 保证了两个接触器线圈不能同时通电，这种控制方式称为互锁或者联锁，这两个辅助常开触头称为互锁或者联锁触头。

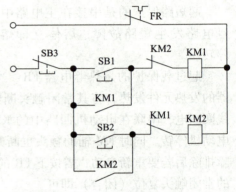

图 1-29　带电气互锁的正反转控制电路

缺点：电路在具体操作时，若电动机处于正转状态要反转时必须先按停止按钮 SB3，使互锁触头 KM1 闭合后按下反转启动按钮 SB2 才能使电动机反转；若电动机处于反转状态要正转时必须先按停止按钮 SB3，使互锁触头 KM2 闭合后按下正转启动按钮 SB1 才能使电动机正转。

四、三相异步电动机的控制（二）

1. 正反转控制

同时具有电气互锁和机械互锁的正反转控制电路如图 1-30 所示。

采用复式按钮，将 SB1 按钮的常闭触头串接在 KM2 的线圈电路中；将 SB2 的常闭触头串接在 KM1 的线圈电路中；这样，无论何时，只要按下反转启动按钮，在 KM2 线圈通电之前就首先使 KM1 断电，从而保证 KM1 和 KM2 不同时通电；从反转到正转的情况也一样。这种由机械按钮实现的互锁也叫机械或按钮互锁。

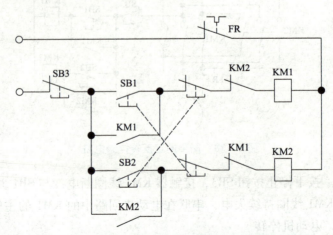

图 1-30　具有电气互锁和机械互锁的正反转控制电路

2. Y-△降压启动控制

按下启动按钮SB1，时间继电器KT和接触器KM2同时通电吸合，KM2的常开主触头闭合，把定子绕组连接成星形，其常开辅助触头闭合，接通接触器KM1。KM1的常开主触头闭合，将定子接入电源，电动机在星形连接下启动。KM1的一对常开辅助触头闭合，进行自锁。经一定延时，KT的常闭触头断开，KM2断电复位，接触器KM3通电吸合。KM3的常开主触头将定子绕组接成三角形，使电动机在额定电压下正常运行。与按钮SB1串联的KM3的常闭辅助触头的作用是：当电动机正常运行时，该常闭触头断开，切断了KT、KM2的通路，即使误按SB1，KT和KM2也不会通电，以免影响电路正常运行。若要停车，则按下停止按钮SB3，接触器KM1、KM2同时断电释放，电动机脱离电源停止转动。图1-31所示为Y-△降压启动控制电路。

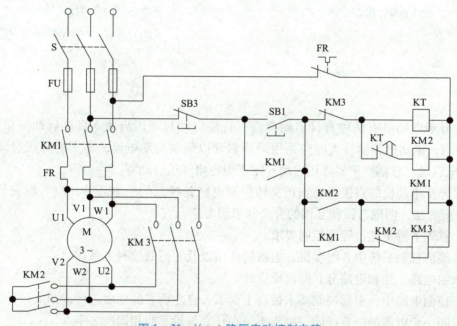

图1-31 Y-△降压启动控制电路

3. 行程控制

1）限位控制（图1-32）

当生产机械的运动部件到达预定的位置时压下行程开关的触杆，将常闭触头断开，接触器线圈断电，使电动机断电而停止运行。

2）行程往返控制（图1-33）

按下正向启动按钮SB1，电动机正向启动运行，带动工作台向前运动。当运行到SQ2位置时，挡块压下SQ2，接触器KM1断电释放，KM2通电吸合，电动机反向启动运行，使工作台后退。工作台退到SQ1位置时，挡块压下SQ1，KM2断电释放，KM1通电吸合，电动机又正向启动运行，工作台又向前进，如此一直循环下去，直到需要停止时按下SB3，KM1和KM2线圈同时断电释放，电动机脱离电源停止转动。

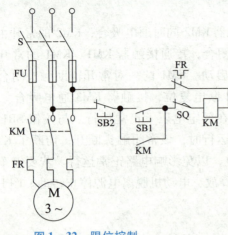

图1-32　限位控制

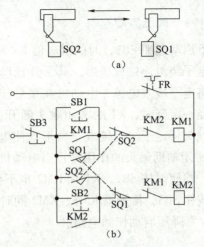

图1-33　行程往返控制

（a）往返运动；（b）自动往返控制电路

【总结】

（1）异步电动机有两种直接启动方法：直接启动和降压启动。直接启动简单、经济，应尽量采用；电动机容量较大时应采用降压启动以限制启动电流，常用的降压启动方法有Y－△降压启动、自耦变压器降压启动和定子串电阻降压启动等。

（2）异步电动机的直接启动和正反转控制电路是控制的基本环节，应掌握它们的工作原理和分析方法，明确自锁和互锁的含义和思想方法。

（3）首先了解工艺过程及控制要求。

（4）搞清控制系统中各电动机、电器的作用以及它们的控制关系。

（5）主电路、控制电路分开阅读或设计。

（6）控制电路中，根据控制要求按自上而下、自左而右的顺序进行读图或设计。

（7）同一个电器的所有线圈、触头不论在什么位置都叫相同的名字。

（8）原理图上所有电器，必须按国家统一符号标注，且均按未通电状态表示。

（9）继电器、接触器的线圈只能并联，不能串联。

（10）控制顺序只能由控制电路实现，不能由主电路实现。

【习题】

（1）有一台四极三相异步电动机，电源电压的频率为50 Hz，满载时电动机的转差率为0.02。求电动机的同步转速、转子转速和转子电流频率。

（2）稳定运行的三相异步电动机，当负载转矩增加，为什么电磁转矩相应增大；当负载转矩超过电动机的最大电磁转矩时，会产生什么现象？

（3）已知某三相异步电动机的技术数据为 $P_N=2.8$ kW，$U_N=220$ V/380 V，$I_N=10$ A/5.8 A，$n_N=2\,890$ r/min，$\cos\varphi_N=0.89$，$f_1=50$ Hz，求：

①电动机的极数 p；

②额定转矩 T_N 和额定效率 η_N。

（4）试设计一台异步电动机既能连续长动工作，又能点动工作的继电器－接触器控制电路。

（5）一台三相交流电动机，额定相电压为 220 V，工作时每相负载 $Z = (50 + j25)\ \Omega$。

①当电源线电压为 380 V 时，绕组应如何连接？

②当电源线电压为 220 V 时，绕组应如何连接？

③分别求上述两种情况下的负载相电流和线电流。

项目二　认识 PLC 控制系统

　项目描述

可编程控制器（Programmable Controller，英文缩写为 PC，后又称 PLC）是一个以微处理器为核心的数字运算操作的电子系统装置，专为工业现场应用而设计，它采用可编程的存储器，用以在其内部存储执行逻辑运算、顺序控制、定时/计数和算术运算等操作指令，并通过数字式或模拟式的输入、输出接口，控制各种类型的机械或生产过程。也就是说它是一台小型计算机。

PLC 是微机技术与传统的继电接触控制技术相结合的产物，它克服了继电接触控制系统中的机械触头的接线复杂、可靠性低、功耗高、通用性和灵活性差的缺点，充分利用了微处理器的优点，又照顾到现场电气操作维修人员的技能与习惯，特别是 PLC 的程序编制，不需要专门的计算机编程语言知识，而是采用了一套以继电器梯形图为基础的简单指令形式，使用户程序编制形象、直观、方便易学；调试与查错也都很方便。PLC 是在传统继电器基础上的更新。

　**学习目标**

知识目标

（1）理解 PLC 的基本概念及主要特点。

（2）理解 PLC 的结构及其工作原理。

（3）理解 PLC 的分类及其基本指令的使用方法。

能力目标

（1）能够正确解读 PLC 的工作原理。

（2）能够正确使用 PLC 的各个软元件。

（3）能够正确使用 PLC 的基本逻辑指令编写简单程序。

任务一　PLC 的概念、结构和工作原理

PLC 结构与工作原理

【学习目标】

（1）理解 PLC 的基本概念及结构组成。
（2）理解 PLC 的工作原理。
（3）理解 PLC 的分类及应用领域。

【相关知识】

一、PLC 的概念

在可编程控制器问世以前，工业控制领域中是以继电器控制占主导地位的。这种由继电器构成的控制系统有着明显的缺点：体积大、耗电多、可靠性差、寿命短、运行速度不高，尤其是对生产工艺多变的系统适应性更差，一旦生产任务和工艺发生变化，就必须重新设计，并改变了硬件结构，这造成了时间和资金的严重浪费。

1968 年，美国通用汽车公司（GM 公司）为了在每次汽车改型或改变工艺流程时不改动原有继电器柜内的接线，以便降低生产成本，缩短新产品的开发周期，而提出了研制新型逻辑顺序控制装置，并提出了该装置的研制指标要求，即十项招标技术指标，这十项指标实际上就是当今可编程控制器最基本的功能。

将它们归纳一下，其核心为以下四点：
（1）用计算机代替继电器控制盘。
（2）用程序代替硬件接线。
（3）输入/输出电平可与外部装置直接连接。
（4）结构易于扩展。

美国数字设备公司（DEC）中标并于 1969 年研制出了世界上第一台可编程控制器，并应用于通用汽车公司的生产线上。当时叫作可编程逻辑控制器 PLC（Programmable Logic Controller），目的是用来取代继电器，以执行逻辑判断、计时、计数等顺序控制功能。紧接着，美国 MODICON 公司也开发出了同名的控制器。1971 年，日本从美国引进了这项新技术，很快研制成了日本第一台可编程控制器。1973 年，西欧国家也研制出他们的第一台可编程控制器。

1. 可编程控制器的定义

由于 PLC 在不断发展，因此，对它进行确切的定义是比较困难的。1982 年，国际电工委员会（International Electrotechnical Committee，IEC）颁布了 PLC 标准草案，1985 年提交了第 2 版，并在 1987 年的第 3 版中对 PLC 做了如下的定义：PLC 是一种专门为在工业环境

下应用而设计的进行数字运算操作的电子装置。它采用可以编制程序的存储器，用来在其内部存储执行逻辑运算、顺序运算、定时、计数和算术运算等操作的指令，并能通过数字式或模拟式的输入和输出。可编程控制器 PLC 实物图如图 2 – 1 所示。

图 2 – 1　可编程控制器 PLC 实物图

2. 可编程控制器的特点

PLC 能如此迅速发展的原因，除了工业自动化的客观需要外，还有许多独特的优点。它较好地解决了工业控制领域中普遍关心的可靠、安全、灵活、方便、经济等问题。其主要特点如下：

（1）编程方法简单易学。

梯形图是可编程控制器使用最多的编程语言，其电路符号和表达方式与继电器电路原理图相似。梯形图语言形象直观、易学易懂，熟悉继电器电路图的电气技术人员只要花几天时间就可以熟悉梯形图语言，并用来编制用户程序。梯形图语言实际上是一种面向用户的高级语言，可编程控制器在执行梯形图程序时，应先用解释程序将它"翻译"成汇编语言后再去执行。

（2）功能强，性价比高。

一台小型可编程控制器内有成百上千个可供用户使用的编程元件，可以实现非常复杂的控制功能。与相同功能的继电器系统相比，它具有很高的性价比。可编程控制器可以通过通信联网，实现分散控制与集中管理。

（3）硬件配套齐全，用户使用方便，适应性强。

可编程控制器产品已经标准化、系列化、模块化，备有品种齐全的各种硬件装置供用户选用，用户能灵活方便地进行系统配置，组成不同功能、不同规模的系统。可编程控制器的安装接线也很方便，一般用接线端子连接外部接线。可编程控制器有较强的带负载能力，可以直接驱动一般的电磁阀和交流接触器。硬件配置确定后，可以通过修改用户程序，方便快速地适应工艺条件的变化。

（4）可靠性高，抗干扰能力强。

传统的继电器控制系统中使用了大量的中间继电器、时间继电器。由于触头接触不良，容易出现故障，可编程控制器用软件代替大量的中间继电器和时间继电器，仅剩下与输入和输出有关的少量硬件，接线可减少到继电器控制系统的 1/10 ~ 1/100，因触头接触不良造成的故障大为减少。可编程控制器采用一系列硬件和软件抗干扰措施，具有很强的抗干扰能力，无故障时间达到数万小时以上，可以直接用于有强烈干扰的工业生产现场。可编程控制器已被广大用户公认为最可靠的工业控制设备之一。

（5）系统的设计、安装、调试工作量少。

可编程控制器用软件功能取代了继电器控制系统中大量的中间继电器、时间继电器、计数器等器件，使控制柜的设计、安装、接线工作量大大减少。

可编程控制器的梯形图程序一般采用顺序控制设计法。这种编程方法很有规律，容易掌握。对于复杂的控制系统，梯形图的设计时间比继电器系统电路图的设计时间要少得多。

（6）维修工作量小，维修方便。

可编程控制器的故障率很低，且有完善的自诊断和显示功能。可编程控制器或外部的输入装置和执行机构发生故障时，可以根据可编程控制器上的发光二极管或编程器提供的信息迅速地查明产生故障的原因，用更换模块的方法迅速地排除故障。

（7）体积小，能耗低。

对于复杂的控制系统，使用可编程控制器后，可以减少大量的中间继电器和时间继电器。小型可编程控制器的体积仅相当于几个继电器的大小，因此可将开关柜的体积缩小到原来的 1/2 ~ 1/10。

可编程控制器的配线比继电器控制系统的配线少得多，故可以省下大量的配线和附件，减少大量的安装接线工时，加上开关柜体积的缩小，同时也可以节省大量的费用。

二、PLC 的基本结构和工作原理

1. PLC 的结构

工业控制计算机的硬件系统都大体相同，主要由中央处理器模块、存储器模块、输入/输出单元、编程器和电源等部分构成，如图 2-2 所示。

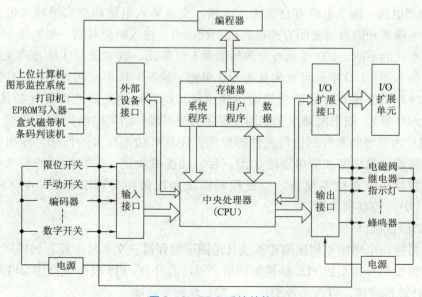

图 2-2 PLC 系统结构

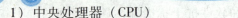

1）中央处理器（CPU）

CPU 是 PLC 的核心部件，主要用来运行用户程序、监控输入/输出接口状态以及进行逻辑判断和数据处理。CPU 用扫描的方式读取输入装置的状态或数据，从内存逐条读取用户程序，通过解释后按指令的规定产生控制信号，然后分时、分渠道地执行数据的存取、传送、比较和变换等处理过程，完成用户程序所设计的逻辑或算术运算任务，并根据运算结果控制输出设备响应外部设备的请求以及进行各种内部诊断。

2）存储器

可编程控制器的存储器由只读存储器（Read Only Memory，ROM）、随机存储器（Random Access Memory，RAM）和可电擦写的存储器（Electrically Erasable Programmable Read Only Memory，EEPROM）三大部分构成，主要用于存放系统程序、用户程序及工作数据。只读存储器 ROM 用以存放系统程序。可编程控制器在生产过程中将系统程序固化在 ROM 中，用户是不可改变的。用户程序和中间运算数据存放在 RAM 中，RAM 是一种高密度、低功耗、价格便宜的半导体存储器，可用锂电池做备用电源。它存储的内容是易失的，掉电后内容丢失；当系统掉电时，用户程序可以保存在 EEPROM 或由高能电池支持的 RAM 中。EEPROM 兼有 ROM 的非易失性和 RAM 的随机存取优点，用来存放需要长期保存的重要数据。

3）电源

PLC 的电源是指为 CPU、存储器和 I/O 接口等内部电子电路工作所配备的直流开关电源。电源的交流输入端一般都有脉冲吸收电路，交流输入电压范围一般都比较宽，抗干扰能力也比较强。电源的直流输入电压多为直流 5 V 和直流 24 V。直流 5 V 电源供 PLC 内部使用，直流 24 V 电源除供内部使用外还可以供输入/输出单元和各种传感器使用。

4）输入/输出接口

I/O 单元是指输入/输出接口电路。PLC 内部输入电路的作用是将 PLC 外部电路（如行程开关、按钮、传感器等）提供的符合 PLC 输入电路要求的电压信号，通过光电耦合电路送至 PLC 内部电路。输入电路有直流输入电路、交流输入电路和交直流输入电路。输入电路通常以光电隔离和阻容滤波的方式提高抗干扰能力，输入响应时间一般为 0.1 ~ 15 ms。根据输入信号形式的不同，I/O 单元可分为模拟量 I/O 单元、数字量 I/O 单元两大类。根据输入单元形式的不同，I/O 单元可分为基本 I/O 单元、扩展 I/O 单元两大类。PLC 内部输出电路的作用是将输出映像寄存器的结果通过输出接口电路驱动外部的负载（如接触器线圈、电磁阀、指示灯等）。输出电路用于把用户程序的逻辑运算结果输出到 PLC 外部，输出电路具有隔离 PLC 内部电路和外部执行元件的作用，还具有功率放大的作用。输出电路有晶体管输出型、可控硅输出型和继电器输出型三种。功能模块是一些智能化的输入/输出电路，如温度检测模块、位置检测模块、位置控制模块和比例积分调节器（Proportional Integral Derivative，PID）控制模块等。

5）外部设备接口

外部设备接口电路用于连接编程器或其他图形编程器、文本显示器、触摸屏、变频器等并能通过外部设备接口组成 PLC 的控制网络。PLC 通过 PC/PPI 电缆或使用 MPI 卡通过 RS－485 接口与计算机连接，可以实现编程、监控、联网等功能。

6）I/O 扩展接口

扩展接口用于扩展输入/输出单元，它使 PLC 的控制规模配置更加灵活，这种扩展接口实际上为总线形式，可以配置开关量的 I/O 单元，也可配置模拟量和高速计数等特殊的 I/O 单元及通信适配器等。

7）编程器

编程器是 PLC 的重要外围设备。利用编程器将用户程序送入 PLC 的存储器，还可以用编程器检查程序、修改程序、监视 PLC 的工作状态。现在手持式编程器已逐渐被笔记本取代。

2. PLC 的工作原理

PLC 虽然以微处理器为核心，具有微机的许多特点，但它的工作方式却与微机有很大的不同。微机一般采用等待命令和中断的工作方式，PLC 则是采用"顺序扫描，不断循环"的工作方式进行工作的。PLC 的工作过程大体可分为输入采样、程序执行、输出刷新三个阶段，并进行周期性循环，其工作过程如图 2-3 所示。

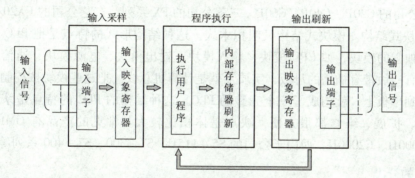

图 2-3 PLC 的工作过程

1）输入采样阶段

在输入采样阶段，PLC 以扫描的方式将信息读入输入端的状态并存入输入映像区的相应寄存器中，接着进入程序执行阶段。在非输入采样阶段，无论输入状态如何变化，输入映像寄存器的内容都保持不变，直到进入下一个周期的输入采样扫描，PLC 才会将输入端的状态读入输入映像寄存器中。

2）程序执行阶段

在程序执行阶段，PLC 根据梯形图程序从左到右、先上后下的扫描原则顺序扫描用户程序。遇到跳转指令则根据转移条件决定程序的走向。若指令中的元件为输出元件，则使用当时输出映像寄存器中的状态值进行运算。若程序的结果为输出元件，则将运算结果写入输出映像寄存器。输出映像寄存器中的每一个元件会随程序执行的进程而变化。

3）输出刷新阶段

在程序执行完毕后，输出映像寄存器中的继电器的通断状态将被传送至输出锁存器，即 PLC 的实际输出，启动相应外设。

以上是 PLC 的扫描工作过程。只要 PLC 处于 RUN 状态，它就反复循环工作。PLC 的扫描周期就是完成一个完整循环扫描所需的工作周期，即从读入输入状态到发出输出信号所用的时间，它与程序的步数、时钟频率以及所用指令的执行时间有关。一般输入采样和输出刷新只需要 1～2 ms，所以扫描时间主要由用户程序执行的时间决定。

三、PLC 的分类与应用领域

1. PLC 的类型

可编程控制器发展很快，目前，全世界有几百家工厂正在生产几千种不同型号的 PLC。为了便于在工业现场安装、便于扩展、方便接线，其结构与普通计算机有很大的区别。通常按组成结构形式分类可将这些 PLC 分为两类：一类是一体化整体式 PLC；另一类是结构化模块式 PLC。

（1）整体式结构。从结构上看，早期的可编程控制器是把 CPU、RAM、ROM、I/O 接口及与编程器或 EPROM 写入器相连的接口、输入/输出端子、电源、指示灯等都装配在一起的整体装置。一个箱体就是一个完整的 PLC。它的特点是结构紧凑、体积小、成本低、安装方便，缺点是输入/输出点数是固定的，不一定能适合具体的控制现场的需要。这类产品有 OMRON 公司的 C20P、C40P、C60P，三菱公司的 FX 系列，东芝公司的 EX20/40 系列等。

（2）模块式结构。模块式结构又叫积木式。这种结构形式的特点是把 PLC 的每个工作单元都制成独立的模块，如 CPU 模块、输入模块、输出模块、电源模块、通信模块等。另外，机器上有一块带有插槽的母板，实质上就是计算机总线。把这些模块按控制系统需要选取后，都插到母板上，就构成了一个完整的 PLC。这种结构的 PLC 的特点是系统构成非常灵活，安装、扩展、维修都很方便，缺点是体积比较大。常见的产品有 OMRON 公司的 C200H、C1000H、C2000H，西门子公司的 S5－115U、S7－300、S7－400 系列等。

2. PLC 的分类

为了适应不同工业生产过程的应用要求，可编程控制器能够处理的输入/输出信号数是不一样的。一般将一路信号叫作一个点，将输入点数和输出点数的总和称为机器的点。按照 I/O 点数的多少，可将 PLC 分为超小（微）、小、中、大、超大五种类型，如表 2－1 所示。

表 2－1　PLC 按 I/O 点数分类

分类	超小型	小型	中型	大型	超大型
I/O	64 点以下	64～128 点	128～512 点	512～8 192 点	8 192 点以上

按功能分类可将 PLC 分为低档机、中档机、高档机，如表 2－2 所示。

表 2－2　PLC 按功能分类

分类	主要功能	应用场合
低档机	具有逻辑运算、定时、计数、移位、自诊断监控等基本功能，有的还具备 AI/AO、数据传送、运算、通信功能等	开关量控制、顺序控制、定时/数控制、少量模拟量控制等
中档机	除上述低档机的功能外，还有数制转换、子程序调用、通信联网功能，有的还具备中断控制、PID 回路控制等	过程控制、位置控制等
高档机	除上述中档机的功能外，还有较强的数据处理功能、模拟量调节、函数运算、监控、智能控制、通信联网功能等	大规模过程控制系统，构成分布式控制系统，实现全局自动化网络

3. PLC 的应用领域

PLC 的应用非常广泛，如电梯控制、防盗系统的控制、交通分流信号灯控制、楼宇控水自动控制、消防系统自动控制、供电系统自动控制、喷水池自动控制及各种生产流水线的自动控制等。按 PLC 编程功能来分，可分为以下四大类：

（1）开关量顺序控制。这是 PLC 最早、最原始的控制功能，可以取代传统的继电器逻辑电路中的顺序控制系统。例如，电梯自动控制、工厂装配流水线的控制及交通分流信号灯的自动控制等。

（2）模拟量控制。PLC 利用 PID 算法可实现闭环控制功能。例如，温度、速度、压力及流量等过程流量的控制。

（3）运动控制。目前 PLC 制造商已制造出能驱动步进电动机和伺服电动机的单轴或多轴的 PLC 和运动控制特殊模块，可驱动单轴或多轴一定的速度、作用力到达拟定目标位置。

（4）通信功能。为适应现代化工业自动化控制系统的集中及远程管理的需要，PLC 可实现与 PLC、单片机、打印机及上位计算机进行信息互换的通信功能。

随着 PLC 用量的增加，其价格大幅降低，但其功能却在不断增强。现在用 PLC 实现运动控制比其他方法更有优越性：价格更低、速度更快、体积更小、操作更方便。

任务二　PLC 基本指令

PLC 基本指令

【学习目标】

（1）理解 PLC 的基本逻辑指令。
（2）学会 PLC 软元件的使用方法。

【相关知识】

三菱 FX 系列 PLC 有基本逻辑指令 20 或 27 条、步进指令 2 条、功能指令 100 多条（不同系列有所不同）。本节以 FX2N 为例，介绍其基本逻辑指令和步进指令及其应用。

一、起始和输出指令

起始和输出指令共有 3 个，分别是 LD 取指令、LDI 取反指令和 OUT 输出指令，如表 2 - 3 所示。

表 2 - 3　起始和输出指令

助记符名称	功能	回路表示和可用软元件	程序步
LD 取	A 触头逻辑运算开始	X、Y、M、S、T、C	1

助记符名称	功能	回路表示和可用软元件		程序步
LDT 取反	B 触头逻辑运算开始		X、Y、M、S、T、C	1
OUT 输出	线圈驱动		X、Y、M、S、T、C	Y、M：1；S、特殊M：2；T：3；C：3～5

由图 2-4 中可以看出：

（1）LD、LDI 指令用于将触头连接到母线上，在分支起点处也可使用。

（2）OUT 指令是指对输出继电器（Y）、辅助继电器（M）、状态元件（S）、定时器（T）、计数器（C）的线圈驱动指令，对输入继电器不使用该指令。并列的 OUT 命令可多次连续使用。

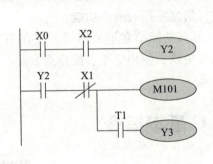

◇指令表程序

步序	指令	地址
0	LD	X0
1	AND	X2
2	OUT	Y2
2	LD	Y2
4	ANI	X1
5	OUT	M101
6	AND	T1
7	OUT	Y3
8	END	

图 2-4　PLC 指令

二、或与非指令

与或非指令共有六个，分别是与指令 AND 和 ANB、与非指令 ANI、或指令 OR 和 ORB、或非指令 ORI。

1. AND、ANI 指令（表 2-4）

表 2-4　AND、ANI 指令

助记符名称	功能	回路表示和可用软元件		程序步
AND 与	A 触头并联连接		X、Y、M、S、T、C	2
ANI 与非	B 触头并联连接		X、Y、M、S、T、C	1

由图 2-5 中的 PLC 梯形图可以看出：

（1）AND 指令：用于常开触头与其他触头的串联连接。

（2）ANI 指令：用于常闭触头与其他触头的串联连接。

（3）AND、ANI 指令使用次数无限制，但要使用打印机打印程序时，尽可能一行不要

超过 10 个触头，连续输出不要超过 24 行。AND 与 ANI 指令，在逻辑上这种关系叫"逻辑与"，其表达为有"0"出"0"，全"1"出"1"，即只有两个输入都动作时，才有输出。

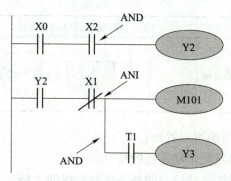

图 2 - 5　PLC 梯形图

2. OR、ORI 指令（表 2 - 5）

表 2 - 5　OR、ORI 指令

助记符名称	功能	回路表示和可用软元件	程序步
OR 或	A 触头并联连接	X、Y、M、S、T、C	1
ORI 或非	B 触头并联连接	X、Y、M、S、T、C	1

由图 2 - 6 中的 PLC 梯形图可以看出：

（1）OR 指令：用于常开触头与其他触头的并联连接。

（2）ORI 指令：用于常闭触头与其他触头的并联连接。

（3）OR、ORI 指令：使用次数无限制，但要使用打印机打印程序时，并联列数不要超过 24 行。OR 与 ORI 指令，在逻辑上的这种关系叫"逻辑或"，其表达为有"1"出"1"，全"0"出"0"，即只要两个中有一个动作，就有输出；只有在两个都不动作时，输出才关闭。

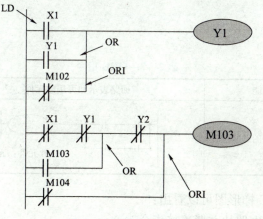

图 2 - 6　PLC 梯形图

3. ANB 指令（表 2-6）

表 2-6　ANB 指令

助记符名称	功能	回路表示和可用软元件	程序步
ANB 块与	并联回路块的串联连接	软元件：元	1

由图 2-7 中的 PLC 梯形图可以看出：

ANB 指令是用于并联电路块串联连接的指令。

（1）并联电路块指的是两个或以上的触头串联而成的电路。

（2）将并联电路块与前面的电路串联时用 ANB 指令。

（3）使用 ANB 指令前，应先完成并联电路块内部的连接。

（4）并联电路块中各支路的起点使用 LD 或 LDI 指令。

（5）ANB 指令相当于两个电路块之间的串联连线。

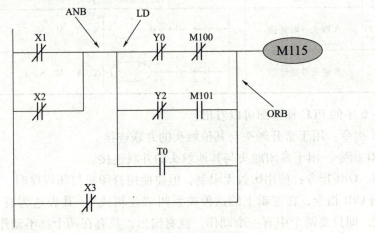

图 2-7　PLC 梯形图

4. ORB 指令（表 2-7）

表 2-7　ORB 指令

助记符名称	功能	回路表示和可用软元件	程序步
ORB、OR 或	串联回路块的并联连接	软元件：元	1

由图 2-8 中的 PLC 梯形图可以看出：

ORB 指令用于串联电路块并联连接指令。

①串联电路块是指两个或两个以上的触头串联而成的电路块。

②将串联电路块并联时用 ORB 指令。

③ORB 指令不带元件号（相当于触头间的垂直连线）。

④每个串联电路块的起点都要用 LD 或 LDI 指令，电路块后面用 ORB 指令。

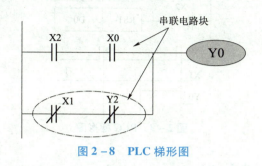

图 2 - 8   PLC 梯形图

三、置位复位和主控指令

置位复位和主控指令一般都成对出现。置位指令为 SET，复位指令为 RST，主控指令为 MC，主控复位指令为 MCR。

1. SET、RST 指令（表 2 - 8）

表 2 - 8   SET、RST 指令

助记符名称	功能	回路表示和可用软元件	程序步
SET 置位	动作保持	┤├── PST Y,M,S,T,C,D,V,Z	Y、M：1； S、特殊 M：2； D、V、Z、特殊 D：3
RST 复位	消除动作保持、当前值及寄存器清零	┤├── PST Y,M,S,T,C,D,V,Z	

由图 2 - 9 中的 PLC 梯形图可以看出：

（1）SET 指令：置位指令。将受控组件设定为 ON 并保持受控组件的状态。

（2）RST 指令：复位指令。将受控组件设定为 OFF，也就是解除受控组件的状态。

（3）SET/RST 指令可制定同一输出编号，使用次数不受限制，指令的先后顺序也没有关系，不一定非要把 SET 指令放在 RST 指令之前，其前后顺序完全可以根据程序的功能需要而定。

（4）SET 指令的指定对象为 Y、M、S。

（5）RST 指令的指定对象为 Y、M、S、T、C、D、V、Z。

（6）要将 D、V、Z 的内容清除为 0，除了用 RST 指令外，还可以使用 MOV 指令将 K0 传送到 D、V、Z 中。

（7）积分型定时器 T246 ~ T255 的当前值要复位，也必须使用 RST 指令。

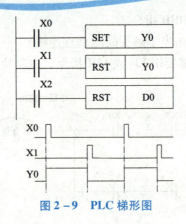

图 2 – 9　PLC 梯形图

2. MC、MCR 指令（表 2 – 9）

表 2 – 9　MC、MCR 指令

助记符名称	功能	回路表示和可用软元件	程序步
主控 MC	公共串联触头的连接	MC　N　YM M 除特殊辅助继电器以外	3
MCR 主控复位	公共串联触头的清除	MCR　N	2

由图 2 – 10 中的 PLC 梯形图可以看出：

（1）MC 指令称为"主控指令"，其作用是将母线转移到条件触头后面。

　　　MCR 指令称为"主控复位指令"，其作用是将母线还原，返回到左母线。

（2）MC、MCR 两个指令的编程元件有 Y 和 M；

（3）MC、MCR 两个指令成对出现，缺一不可；

（4）MC 指令后使用 LD/LDI 指令，表示建立子母线。

（5）MC、MCR 指令可以嵌套使用，嵌套级别为 N0 ~ N7。

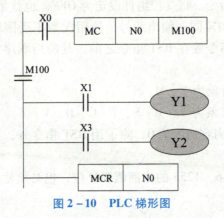

图 2 – 10　PLC 梯形图

四、分支指令

分支指令共有三个，分别是 MPS、MRD、MPP，见表 2 – 10。

表 2 – 10　分支指令

助记符名称	功能	回路表示和可用软元件	程序步
MPS（进栈）	运算存储		1
MRD（读栈）	存储读出		1
MPP（出栈）	存储读出与复位		1

由图 2 – 11 中的 PLC 梯形图可以看出：

（1）MPS 指令称为"进栈"，用在回路开始分支的地方。

（2）MRD 指令称为"读栈"，用在 MPS 指令下继续的分支，表示分支继续。

（3）MPP 指令称为"出栈"，用在最后分支的地方，表示分支结束。

（4）MPS 指令用于分支回路时，将分支前的状态进行记忆。若再次遇到分支回路的话，则再次使用 MPS 指令，但最多使用次数不得超过 11 次。

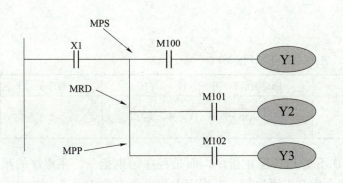

◆指令表程序

步序	指令	地址
0	LD	X1
1	MPS	
2	LDI	X2
3	ADN	M100
4	MRD	
5	AND	M101
6	OUT	Y2
7	MPP	
8	AND	M102
9	OUT	Y3

图 2 – 11　PLC 梯形图

五、空操作、取反和结束指令

空操作、取反和结束指令后面均不加软元件符号。

1. NOP 指令（表 2 – 11）

表 2 – 11 NOP 指令

助记符名称	功能	回路表示和可用软元件		程序步
NOP 空操作	无动作	NOP 没有回路表示	软元件：无	1

NOP 指令：空操作指令。如果在调试程序时加入一定量的 NOP，在追加程序时可以减少步序号的变动。

在修改程序时可以用 NOP 指令删除接点或电路，也就是用 NOP 代替原来的指令，这样可以使步序号不变动。

2. INV 指令（表 2 – 12）

表 2 – 12 INV 指令

助记符名称	功能	回路表示和可用软元件		程序步
INV 取反	运算结果的反转		软元件：无	1

INV 指令：取反指令。其功能是将 INV 指令执行之前的运算结果取反，它不需要指定软元件号。其梯形图 INV（反指令）执行该指令后将原来的运算结果取反。使用时应注意 INV 不能像指令表的 LD、LDI、LDP、LDF 那样与母线连接，也不能像指令表中的 OR、ORI、ORP、ORF 指令那样单独使用。

3. END 指令（表 2 – 13）

表 2 – 13 END 指令

助记符名称	功能	回路表示和可用软元件		程序步
END 结束	输入输出处理以及返回到 0 步	NOP	软元件：无	1

END 指令：程序结束指令。END 不是 PLC 停止指令，而是程序结束指令。在程序的最后写入 END 指令，则 END 以后的其余程序不再执行。在程序中如果没有 END 指令，则 PLC 一直处理到最终的程序步，然后从 0 步开始重复处理。在程序调节阶段，在各程序段插入 END 指令，可依次检查各程序段的动作，确认前面的程序动作无误后，依次删去 END 指令，有助于程序的调试。另外，执行 END 指令时，也刷新监视定时器，因此，一般一个完整的程序都必须以 END 指令结束，否则会出现 WDT 溢出。

六、软元件

PLC 内部寄存器也称内部继电器或软元件。PLC 提供用户使用的每个输入/输出继电器、计数器、定时器及内部的每个存储单元都称为元件，由于这些元件都可用程序来指定，故称为软元件。不同的元件有其不同的功能和其固定的地址，元件多少决定了 PLC 系统的规模和数据处理能力。

1. 输入继电器

输入继电器符号为 X，由输入接口电路和输入映像寄存器等效而成，如图 2–12 所示。

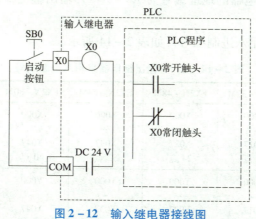

图 2–12　输入继电器接线图

（1）作用：接收外部输入开关量信号，并进行转换存储。

（2）符号：X 打头，后面加上编号，地址按八进制编号。

三菱 FX2N 系列 PLC 的输入继电器 X 的地址编号是 X000 ~ X377，共 256 个。

（3）线圈由外部信号驱动，梯形图中只出现其触头，不出现其线圈。内部常开、常闭触头可以无限次使用。

（4）输入继电器触头只能用于内部编程，无法驱动外部负载。

2. 输出继电器

输出继电器符号为 Y。输出继电器接线如图 2–13 所示。

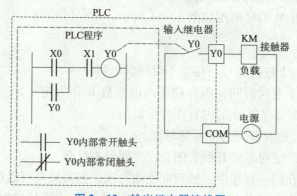

图 2–13　输出继电器接线图

（1）作用：线圈由内部程序驱动，一对（常开）触头与外电路相连，控制外部负载动作。

（2）符号：Y 打头，后面加上编号，八进制编号。

三菱 FX2N 系列 PLC 的输出继电器 Y 的地址是 Y000～Y377，共 256 个。

（3）根据需要梯形图中出现其线圈和触头，相同标号线圈只出现一次，其触头可反复使用。

输入、输出继电器的地址编号都采用八进制。

三菱 FX2N 的输入继电器的地址编号为 X0～X77、输出继电器的地址编号为 Y0～Y77，共 128 点。

输入/输出继电器采用八进制编号，如表 2-14 所示。

表 2-14 输入/输出继电器采用八进制编号

型号	FX2N-16M	FX2N-32M	FX2N-48M	FX2N-64M	FX2N-80M	FX2N-128M	扩展时
输入	X000 ~ X007 8 点	X000 ~ X017 16 点	X000 ~ X027 24 点	X000 ~ X037 32 点	X000 ~ X047 40 点	X000 ~ X077 64 点	X000 ~ X267 184 点
输出	Y000 ~ Y007 8 点	Y000 ~ Y017 16 点	Y000 ~ Y027 24 点	Y000 ~ Y037 32 点	Y000 ~ Y047 40 点	Y000 ~ Y077 64 点	Y000 ~ Y267 184 点

3. 辅助继电器

（1）作用：线圈由内部程序驱动，供内部使用。

（2）符号：M 开头，后面加上编号，十进制编号。

（3）根据需要梯形图中出现其线圈和触头，相同标号的线圈只能出现一次，其触头可反复使用。

三菱 FX2N 系列 PLC 中有三种特性不同的辅助继电器，分别是通用辅助继电器（M0～M499）、断电保持辅助继电器（M500～M3071）和特殊功能辅助继电器（M8000～M8255）。

PLC 的辅助继电器 M 的梯形图如图 2-14 所示。

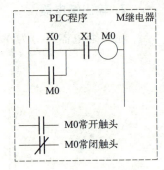

图 2-14 PLC 辅助继电器 M 的梯形图

4. 定时器

定时器：符号 T，十进制编号，相当于时间继电器。

（1）使用时要赋予定时时间，用存储器内的常数 K 作为定时常数，也可以用数据寄存器 D 的内容作为设定值。

（2）FX 系列 PLC 定时器均为接通延时型。

（3）计时时间到，定时器常开触头闭合，常闭触头打开。

（4）同一定时器在同一程序中一般只能使用一次，但其触头可以反复使用。

（5）普通定时器当定时条件满足（定时线圈接通）时，开始定时；当定时条件不满足时，立即停止定时，定时器回到原来设定值，直到下一次定时条件满足时再开始定时。

定时器实际是内部脉冲计数器，可对内部 1 ms、10 ms 和 100 ms 时钟脉冲进行加计数，当达到用户设定值时，触头动作。

定时器可以用用户程序存储器内的常数 K 作为定时常数，也可以用数据寄存器 D 的内容作为设定值。

普通（即断电清 0）定时器（T0 ~ T245）：

100 ms 定时器 T0 ~ T199 共 200 点，设定范围为 0.1 ~ 3 276.7 s；

10 ms 定时器 T200 ~ T245 共 46 点，设定范围为 0.01 ~ 327.67 s。

累积型（即具有断电保持）定时器（T246 ~ T255）：

1 ms 定时器 T246 ~ T249 共 4 点，设定范围为 0.001 ~ 32.767 s；

100 ms 定时器 T250 ~ T255 共 6 点，设定范围为 0.1 ~ 3 276.7 s。

1）通用（普通）定时器 T0 ~ T245（246 点）（无断电保护）

T0 ~ T199 的计时单位为 100 ms，定时范围为 0.1 ~ 3 276.7 s；T200 ~ T245 的计时单位为 10 ms，定时范围为 0.01 ~ 327.67 s。

当输入条件满足时，开始计时，当输入条件不满足时，当前值恢复为零，定时器复位。PLC 通用定时器梯形图如图 2 - 15 所示。

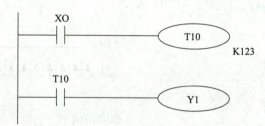

图 2 - 15　PLC 通用定时器梯形图

2）积算定时器 T246 ~ T255（具有断电保持功能）

T246 ~ T249 的计时单位为 1 ms，定时范围为 0.001 ~ 32.767 s；

T250 ~ T255 的计时单位为 100 ms，定时范围为 0.1 ~ 3 276.7 s。

积算定时器具有计数累积的功能。

在定时过程中如果断电或定时器线圈输入为 OFF，积算定时器将保持当前的计数值（当前值），通电或定时器线圈输入为 ON 后继续累积，即其当前值具有保持功能，只有将积算定时器复位，当前值才变为 0。PLC 积算定时器梯形图如图 2 - 16 所示。

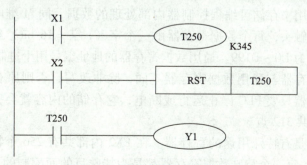

图 2 - 16　PLC 积算定时器梯形图

5. 计数器

计数器：符号 C，十进制编号。

（1）使用时要先复位。

（2）要设定计数值，用存储器内的常数 K 或 H 作为定时常数，也可以用数据寄存器 D 的内容作为设定值。

（3）达到计数设定值，计数器常开触头闭合，常闭触头打开。

（4）计数器复位信号接通时，计数器复位，计数器重新开始计数；同时其常开触头打开，常闭触头闭合。

FX 系列 PLC 计数器可分为通用计数器和高速计数器。

16 位通用加计数器，C0 ~ C199 共 200 点，设定值为 1 ~ 32 767。设定值 K0 与 K1 含义相同，即在第一次计数时，其输出触头动作。

32 位通用加/减计数器，C200 ~ C234 共 35 点，设定值为 − 2 147 483 648 ~ + 2 147 483 647。

高速计数器 C235 ~ C255 共 21 点，共享 PLC 上 6 个高速计数器输入（X000 ~ X005）。高速计数器按中断原则运行，如图 2 − 17 所示。

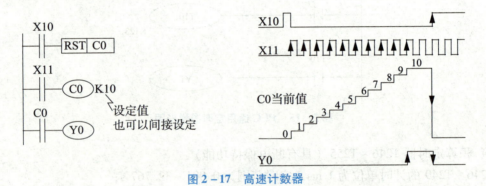

图 2 − 17　高速计数器

X11 为计数输入，每次 X11 接通时，当前值加 1。当 C0 当前值等于设定值 10 时，输出触头动作。之后即使输入 X11 再接通，计时器的当前值也保持不变。如果复位输入 X10 为 ON，则执行 RST 指令，计数器的当前值为 0，输出触头复位。

6. 数据寄存器

通用数据寄存器用来存储可编程控制器内部处理的数据，同 M 继电器不同，它是纯粹的寄存器，不带任何触头，每个数据寄存器由一个字（1 字 = 16 bit）组成。共有 200 个通用数据寄存器，编号为 D0 ~ D199。通用数据寄存器的地址编号用十进制数表示。

停电保持数据寄存器与通用数据寄存器不同，除非改写，否则原有存储的数据不会丢失。而通用数据寄存器只要 PLC 停止运行或断电，它存储的内容就会丢失。停电保持数据寄存器 D200 ~ D511 共 312 点。

特殊数据寄存器是有特殊用途的寄存器。在 FX2 内部共有 256 个特殊数据寄存器，编号为 D8000 ~ D8255。每一个特殊数据寄存器都是为特殊目的而配制的。具体用途可查 PLC 技术手册。

7. 状态继电器 S

（1）状态继电器在步进顺控类的控制程序中起着重要的作用，它与步进指令 STL 配合

使用，采用 | 进制编号。

（2）状态继电器有无数个常开触头与常闭触头，编程时可随意使用。

（3）状态继电器不用于步进顺控指令时，可作辅助继电器使用。

（4）状态继电器同样有通用状态器和断电保持状态器，其比例分配可由外设设定。

（5）状态有五种类型。

①初始状态 S0～S9 共 10 点。

②回零状态 S10～S19 共 10 点。

③通用状态 S20～S499 共 480 点。

④保持状态 S500～S899 共 400 点。

⑤报警用状态 S900～S999 共 100 点。

状态继电器 S 是在编制步进控制程序中所使用的基本元件，其顺序功能如图 2–18 所示。

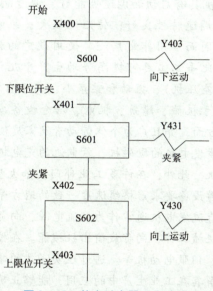

图 2–18　状态继电器顺序功能

项目三　直流电动机的控制

项目描述

　　在生产实践中直流电动机具有启动和调速性能好、调速范围广、过载能力较强、受电磁干扰影响小；启动特性和调速特性良好；转矩比较大；维修比较方便；相对于交流电动机比较节能环保等优点，因而应用非常广泛。使用最广的就是直流电动工具。电动工具结构轻巧，携带方便。它比手工工具可提高劳动生产率几倍到几十倍，比传统的风动工具效率高、费用低（无须空压机）、振动和噪声小、易于自动控制。因此，电动工具逐步取代手工工具，广泛应用于机械、建筑、机电、冶金设备安装，桥梁架设，住宅装修，农牧业生产，医疗、卫生等方面，并且广为个体劳动者及家庭使用，是一种量大、面广的机械化工具。在发电厂里，同步发电机的励磁机、蓄电池的充电机等，都是直流发电机；锅炉给粉机的原动机是直流电动机。此外，在许多工业部门，如大型轧钢设备、大型精密机床、矿井卷扬机、市内电车、电缆设备要求严格线速度一致的地方等，通常都采用直流电动机作为原动机来拖动工作机械。直流发电机通常作为直流电源，向负载输出电能；直流电动机则是作为原动机带动各种生产机械工作，向负载输出机械能。在控制系统中，直流电动机还有其他的用途，如测速电动机、伺服电动机等。通过理实一体的学习，使学生掌握直流电动机控制电路的安装与调试。了解其在工业生产中的应用，能够正确检测、判断、排除典型电路故障。

**学习目标**

知识目标

（1）了解直流电动机的构造及工作原理。

（2）熟悉直流电动机的参数和特性。

（3）掌握直流电动机控制电路的工作原理。

（4）学会PLC控制直流电动机的编程方法。

能力目标

（1）学会正确安装直流电动机控制电路。

（2）能够正确进行直流电动机控制电路的调试。

（3）能够正确检测、判断、排除直流电动机典型电路故障。

任务一 直流电动机的直接启停控制

【学习目标】

（1）熟悉直流电动机控制电路的构成和工作原理。

（2）学会正确安装与调试他励直流电动机直接启停控制电路。

直流电动机的直接启停
控制线路安装与调试

【任务引入】

在生产实践中他励直流电动机因调速性能好、启动力矩大，可以在重负载条件下，实现均匀、平滑的无级调速，而且调速范围较宽，因而应用非常广泛。本任务就来完成他励直流电动机直接启停控制电路的安装与调试。

【相关知识】

直流电动机是将直流电能转换为机械能的电动机。因其良好的调速性能而在电力拖动中得到广泛的应用，如图3-1所示。

1. 基本构造

直流电动机分为两部分、即定子与转子。

（1）定子包括主磁极、机座、换向极、端盖和电刷装置等部件。

主磁极——主磁极的作用是建立主磁场。绝大多数直流电动机的主磁极不是用永久磁铁而是由励磁绕组通以直流电流来建立磁场的。主磁极由主磁极铁芯和套装在铁芯上的励磁绕组构成。主磁极铁芯靠近转子一端的扩大的部分称为极靴，它的作用是使气隙磁阻减小，改善主磁极磁场分布，并使励磁绕组容易固定。为了减少转子转动时由于齿槽移动引起的铁耗，主磁极铁芯采用1~1.5 mm的低碳钢板冲压一定形状叠装固定而成。主磁极上装有励磁绕组，整个主磁极用螺杆固定在机座上。主磁极的个数一定是偶数，励磁绕组的连接必须使相邻主磁极的极性按N、S极交替出现。

机座——机座有两个作用，一是作为主磁极的一部分；二是作为电动机的结构框架。机座中作为磁通通路叠装的部分称为磁轭。机座一般用厚钢板弯成筒形以后焊成，或者用铸钢件（小型机座用铸铁件）制成。机座的两端装有端盖。

换向极——换向极是安装在两个相邻主磁极之间的一个小磁极，它的作用是改善直流电动机的换向情况，使电动机运行时不产生有害的火花。换向极结构和主磁极类似，是由换向极铁芯和套在铁芯上的换向极绕组构成的，并用螺杆固定在机座上。换向极的个数一般与主磁极的极数相等，在功率很小的直流电动机中，也有不装换向极的。换向极绕组在使用中是和电枢绕组相串联的，要流过较大的电流，因此和主磁极的串励绕组一样，导线有较大的截面。

端盖——端盖装在机座两端并通过端盖中的轴承支撑转子，将定子转子连为一体。同时端盖对电动机内部还起到防护作用。

电刷装置——电刷装置是电枢电路的引出（或引入）装置，它由电刷、刷握、刷杆和连线等部分组成，电刷是石墨或金属石墨组成的导电块，放在刷握内用弹簧以一定的压力安放在换向器的表面，旋转时与换向器表面形成滑动接触。刷握用螺钉夹紧在刷杆上。每一刷杆上的一排电刷组成一个电刷组，同极性的各刷杆用连线连在一起，再引出线盒。刷杆装在可移动的刷杆座上，以便调整电刷的位置。

（2）转子包括电枢铁芯、电枢绕组、换向器、转轴、轴承、风扇等。

电枢铁芯——电枢铁芯既是主磁路的组成部分，又是电枢绕组的支撑部分；电枢绕组就嵌放在电枢铁芯的槽内。其作用是嵌放电枢绕组和通过磁通，为了降低电动机工作时电枢铁芯中发作的涡流损耗和磁滞损耗。

电枢绕组——电枢绕组由一定数目的电枢线圈按一定的规律连接组成，它是直流电动机的电路部分，也是感应电动势，产生电磁转矩进行机电能量转换的部分。电枢绕组有许多线圈或玻璃丝包扁钢铜线或强度漆包线。

换向器——换向器是直流电动机的关键部件之一，又称整流子。在直流电动机中，它的作用是将电刷上的直流电源的电流变换成电枢绕组内的交变电流，使电磁转矩的倾向稳定不变。在直流电动机中，它将电枢绕组交流电动势变换为电刷端上输出的直流电动势。

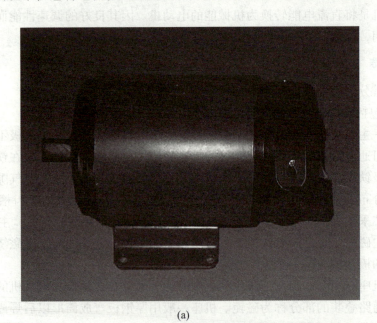

(a)

图 3−1　直流电动机

(a) 实物图

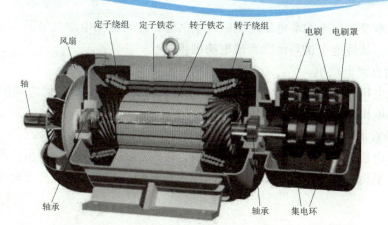

(b)

图 3 – 1 直流电动机（续）
（b）结构图

2. 分类

1）根据有无刷分类

（1）无刷直流电动机：将普通直流电动机的定子与转子进行了互换。其转子为永久磁铁产生气隙磁通；定子为电枢，由多相绕组组成。在结构上，它与永磁同步电动机类似。

无刷直流电动机定子的结构与普通的同步电动机或感应电动机相同，在铁芯中嵌入多相绕组（三相、四相、五相不等）。绕组可接成星形或三角形，并分别与逆变器的各功率管相连，以便进行合理换相。转子多采用钐钴或钕铁硼等高矫顽力、高剩磁密度的稀土材料。根据磁极中磁性材料所放位置的不同，可将其分为表面式磁极、嵌入式磁极和环形磁极。由于电动机本体为永磁电动机，所以习惯上把无刷直流电动机也叫作永磁无刷直流电动机。

（2）有刷直流电动机：有刷电动机的两个刷（铜刷或者碳刷）是通过绝缘座固定在电动机后盖上直接将电源的正负极引到转子的换相器上，而换相器连通了转子上的线圈，三个线圈极性不断地交替变换与外壳上固定的两块磁铁形成作用力而转动起来。由于换相器与转子固定在一起，而刷与外壳（定子）固定在一起，电动机转动时刷与换相器不断地发生摩擦产生大量的阻力与热量。所以有刷电动机的效率低下、损耗非常大。但是，它同样具有制造简单、成本极其低廉的优点。

2）根据励磁方式的不同分类

直流电动机的励磁方式是指对励磁绕组如何供电、产生励磁磁通势而建立主磁场的问题。根据励磁方式的不同，直流电机可分为永磁、他励和自励三类，其中自励又分为并励、串励和复励三种。

（1）他励直流电动机。

励磁绕组与电枢绕组无连接关系，而由其他直流电源对励磁绕组供电的直流电动机称为他励直流电动机，接线如图 3 – 2（a）所示，图中 M 表示电动机，若为发电机，则用 G 表示。永磁直流电动机也可看作他励直流动电机。

（2）并励直流电动机。

并励直流电机的励磁绕组与电枢绕组相并联，接线如图 3 – 2（b）所示。对并励发电机来说，是电机本身发出来的端电压为励磁绕组供电；作为并励电动机来说，励磁绕组与电枢使用同一电源，从性能上讲与他励直流电动机相同。

（3）串励直流电动机。

串励直流电机的励磁绕组与电枢绕组串联后，再接直流电源，接线如图3－2（c）所示。这种直流电机的励磁电流就是电枢电流。

（4）复励直流电动机。

复励直流电机有并励和串励两个励磁绕组，接线如图3－2（d）所示。若串励绕组产生的磁通势与并励绕组产生的磁通势方向相同称为积复励。若两个磁通势方向相反，则称为差复励。

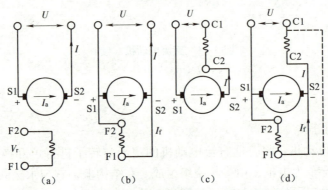

图3－2　直流电动机励磁方式分类图
（a）他励式；（b）并励式；（c）串励式；（d）复励式

3. 特点

（1）优良的调速特性，调速范围宽广，调速平滑、方便。

（2）过载能力大，能承受频繁冲击负载，而且能设计成与负载机械相适应的各种机械特性。

（3）能快速启动、制动和逆向运转。

（4）能适应生产过程自动化所需要的各种特殊运行要求。

（5）易于控制，可靠性高。

（6）调速时的能量损耗较小。

4. 工作原理

简单来说，直流电动机是利用了电流产生磁场的变形（电流产生磁场）原理，即电磁力定律。电动机具有一对磁极，电枢由原动机驱动在磁场中旋转，在电枢线圈中的两根有效边中感应出交变电动势，两电刷同时与有效边接触的换向片接触，在电刷间产生极性不变的电压，电刷间有负载时产生电流。

5. 机械特性

电动机的转速 n 随转矩 T 而变化的特性 $[n = f(T)]$ 称为机械特性，它是选用电动机的一个重要依据。各类电动机都因其有自己的机械特性而适用于不同的场合。不同励磁方式的直流电动机有着不同的特性。一般情况直流电动机的主要励磁方式是并励式、串励式和复励式，直流发电机的主要励磁方式是他励式、并励式和复励式。他励式直流电动机的机械特性如图 3 - 3 所示。当参数 U、R_2 及 Φ 均固定不变时，机械特性曲线为一条直线。

$$n = \frac{U}{C_t\Phi_N} - \frac{R_2}{C_t C_T \Phi_N^2} T_{cm}$$

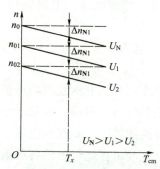

图 3 - 3   他励式直流电动机的机械特性图

6. 铭牌和额定值

铭牌钉在电动机机座的外面，其上标明电动机主要额定数据及电动机产品数据，供使用者使用时参考。电动机的铭牌数据主要包括电动机型号、额定功率、额定电压、额定电流、额定转速和额定励磁电流及励磁方式等，此外还有电动机的出厂数据如出厂编号、出厂日期等。

（1）电动机的产品型号表示电动机的结构和使用特点，国产电动机型号一般用大写的汉语拼音字母和阿拉伯数字表示，其格式为：第一部分用大写的拼音表示产品代号；第二部分用阿拉伯数字表示设计序号；第三部分用阿拉伯数字表示机座代号；第四部分用阿拉伯数字表示电枢铁芯长度代号。

以西玛的 Z2 - 92 为例说明：Z2 - 92 中 Z 表示一般用途直流电动机；2 表示设计序号，第二次改型设计；9 表示机座序号；2 表示电枢铁芯长度序号。

第一部分字符的含义如下：

Z 系列：一般用途直流电动机（如 Z2、Z3、Z4 等系列）。

ZJ 系列：精密机床用直流电动机。

ZT 系列：广调速直流电动机。

ZQ 系列：直流牵引电动机。

ZH 系列：船用直流电动机。

ZA 系列：防爆安全型直流电动机。

ZKJ 系列：挖掘机用直流电动机。

ZZJ 系列：冶金起重机用直流电动机。

（2）电机铭牌上所标的数据称为额定数据，具体含义如下：

额定功率 P_N：在额定条件下电动机所能供给的功率。对于电动机，额定功率是指电动机轴上输出的最大机械功率；对于发电机，额定功率指电刷间输出的最大电功率。额定功率的单位为 kW。

额定电压 U_N：额定工况条件下，电动机出线端的平均电压。对于电动机，额定电压指输入额定电压，对于发电机额定电压输出额定电压。额定电压的单位为 V。

额定电流 I_N：电动机在额定电压下，运行于额定功率时对应的电流值。额定电流的单位为 A。

额定转速 n_N：对应于额定电流、额定电压，电机运行于额定功率时所对应的转速。额定转速的单位为 r/min。

额定励磁电流 I_{fN}：对应于额定电压、额定电流、额定转速及额定功率时的励磁电流。额定励磁电流的单位为 A。

励磁方式：直流电动机的励磁线圈与其电枢线圈的连接方式。根据电枢线圈与励磁线圈的连接方式不同，直流电动机励磁有并励、串励、他励、复励等方式。

此外，电动机的铭牌上还标有其他数据，如励磁电压、出厂日期、出厂编号等。额定值是选用或使用电动机的主要依据。电动机在运行时的各种数据可能与额定值不同，它由负载的大小决定。若电动机的电流正好等于额定值，称为满载运行；若电动机的电流超过额定值，称为过载运行；若比额定值小得多，称为轻载运行。长期过载运行将使电动机过热，降低电机寿命甚至损坏；长期轻载运行使电动机的容量不能充分利用。故在选择电动机时，应根据负载的要求，尽可能使电动机运行在额定值附近。

【任务要求】

利用一按钮对他励直流电动机进行控制，要求按下按钮，他励直流电动机运转，断开按钮，他励直流电动机立即停止。

【任务分析】

本次任务较为简单，要使他励直流电动机运转，可直接在直流电动机的电枢绕组和励磁绕组两边各加一直流可调电源即可，将电源调节到合适值即可使直流电动机运转，如图 3 - 4 所示。

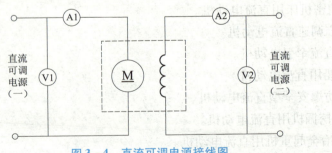

图 3 - 4　直流可调电源接线图

此次任务可依托亚龙 YL - 158 - G 设备，该系统配有直流调速器、直流可调电源和按钮等元器件，使我们更加方便地控制直流电动机，只要按图 3 - 5 接好电路即可。

(a)

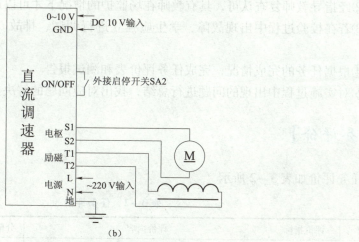

(b)

图 3-5 直流调速器外部接线图

(a) 实物图；(b) 电路图

【任务实施】

学习直流电动机控制电路的接线，需要用到表 3-1 所列的工具、仪器和设备。

表 3-1　工具、仪器和设备

序号	名称	型号规格	数量
1	直流可调电源	—	1 个
2	他励直流电动机	—	1 台
3	直流调速器系统	—	1 个
4	按钮	自锁	1 个
5	万用表	MF47 型或自选	1 块
6	导线	试验专用	若干

实施步骤：

（1）电气元件的安装与固定。

①清点检查器材、元件。

②设计控制电路电气元件布置图。

③根据电气安装工艺规范安装、固定元器件。

（2）电气控制电路的连接。

①设计安装控制电路图。

②按照电气安装工艺规范实施电路布线连接。

（3）电气控制电路通电试验，调试排故。

①安装完毕的控制电路板，必须按要求认真进行检查，确保接线无误后才允许通电试车。

②经指导教师复查认可，具有教师在场监护的情况下才可以通电试验。

③若在校验过程中出现故障，学生应独立进行调试、排故。调试完毕，汇报老师检查打分。

④根据任务的完成情况，完成任务评价表和测试报告。

⑤对实施过程中出现的问题进行总结，找出对应问题的解决方法。

【任务评价】

任务评价如表 3-2 所示。

表 3-2　任务评价

序号	评价指标	评价内容	分值	学生自评	小组互评	教师点评
1	元器件的选用	能用正确方法判断元器件的好坏	10			
		元器件选用正确	20			

续表

序号	评价指标	评价内容	分值	学生自评	小组互评	教师点评
2	接线工艺规范	接线正确	20			
		接线工艺规范合理	20			
3	通电试车	一次性通电试车成功	10			
		独立进行调试，排除故障	10			
4	安全文明	工具与仪表使用正确	5			
		按要求穿戴工作服、绝缘鞋	5			
		总分	100			
问题记录和解决方法		记录任务实施中出现的问题和采取的解决方法				

【任务拓展】

我们学习了他励直流电动机的直接启停控制，那并励和串励直流电动机又是如何实现控制的呢？

任务二　直流电动机的正反转及调速控制

【学习目标】

直流电动机正反转及调速
控制线路安装与调试

（1）熟悉直流电动机的正反转及调速原理。
（2）学会正确安装与调试直流电动机的正反转及调速控制电路。

【任务引入】

随着人们日常生活水平的提高，产品质量、性能和自动化程度等因素已成为人们选购产品的主要参考。直流驱动控制作为电气传动的主流在现代化生产中起着主要作用。长期以来，直流电动机因其转速调节及正反转控制比较灵活、方法简单、易于大范围平滑调速、控制性能好等特点，一直在传动领域占有统治地位。它广泛应用于数控机床、工业机器人等工厂自动化设备中，随着现代化生产规模的不断扩大，各个行业对直流电动机的需求越来越大，并对其性能提出了更高的要求。实现直流电动机正反转及调速控制是许多产品设计的核心问题。本任务就来完成他励直流电动机正反转及调速控制电路的安装与调试。

【相关知识】

1. 直流电动机的正反转

根据其工作原理，改变直流电动机转动方向的方法有以下两种：

（1）电枢反接法，即保持励磁绕组的端电压极性不变，通过改变电枢绕组端电压的极性使电动机反转。

（2）励磁绕组反接法，即保持电枢绕组端电压的极性不变，通过改变励磁绕组端电压的极性使电动机调向。当两者的电压极性同时改变时，电动机的旋转方向不变。

他励和并励直流电动机一般采用电枢反接法来实现正反转。他励和并励直流电动机不宜采用励磁绕组反接法实现正反转是因为励磁绕组匝数较多，电感量较大。当励磁绕组反接时，在励磁绕组中便会产生很大的感应电动势，这将会损坏闸刀和励磁绕组的绝缘。

2. 直流电动机的调速

他励直流电动机的转速公式：

$$n = \frac{U - I_a (R_a + R_s)}{C_e \Phi}$$

式中　n——转速；

　　　U——电枢电压；

　　　I_a——电枢电流；

　　　R_s——电动机电枢绕组电阻；

　　　C_e——电动机常数；

　　　Φ——电动机气隙磁通。

由转速公式可以看出直流电动机的调速方法有以下三种：

（1）调节电枢供电电压 U。改变电枢电压主要是从额定电压往下降低电枢电压，从电动机额定转速向下变速，属恒转矩调速方法。调节电枢端电压并适当调节励磁电流，可以使直流电动机在宽范围内平滑地调速。端电压加大使转速升高，励磁电流加大使转速降低，两者配合得当，可使电动机在不同转速下运行。对于要求在一定范围内无级平滑调速的系统来说，这种方法最好。电枢电流变化遇到的时间常数较小，能快速响应，但是需要大容量可调直流电源。

（2）改变电动机主磁通 Φ。改变磁通可以实现无级平滑调速，但只能减弱磁通，从电动机额定转速向上调速，属恒功率调速方法。电枢电流变化时遇到的时间常数要大很多，响应速度较慢，但所需电源容量小。

（3）改变电枢回路电阻 R。在电动机电枢回路外串电阻进行调速的方法，设备简单，操作方便。但是只能进行有级调速，调速平滑性差，机械特性较软；在轻负载时，由于负载电流小，串联电阻上电压低，故转速调节很不灵敏。在调速电阻上消耗大量电能。改变电阻调速缺点很多，目前很少采用。

　　自动控制的直流调速系统往往以调压调速为主,必要时把调压调速和弱磁调速两种方法配合起来使用。调压调速的实现需要有专门的可控直流电源。自20世纪70年代以来,电力电子器件迅速发展,研制并生产出多种既能控制其导通又能控制其关断的性能优良的全控型器件,由它们构成的脉宽调制(PWM)直流调速系统近年来在中小功率直流传动中得到了迅猛的发展,与老式的可控直流电源调速系统相比,PWM调速系统具有以下优点:

　　(1)采用全控型器件的PWM调速系统,其脉宽调制电路的开关频率高,因此系统的频带宽,响应速度快,动态抗扰能力强。

　　(2)由于开关频率高,仅靠电动机电枢电感的滤波作用就可以获得脉动很小的直流电流,电枢电流容易连续,系统的低速性能好,稳速精度高,调速范围宽,同时电动机的损耗和发热都较小。

　　(3)在PWM系统中,主电路的电力电子器件工作在开关状态,损耗小,装置效率高,而且对交流电网的影响小,没有晶闸管整流器对电网的"污染",功率因数高,效率高。

　　(4)主电路所需的功率元件少,电路简单,控制方便。

　　目前,受器件容量的限制,PWM直流调速系统只用于中、小功率的系统。

【任务要求】

　　通过接线,实现他励直流电动机的控制,具体要求如下:

　　(1)全压启动:调节输入 DC 0~10 V 处电压为 DC 10 V,闭合开关电动机全压启动运行,断开开关电动机停止运行。

　　(2)换向开关可以控制电动机的旋转方向,即正反转。

　　(3)调速:通过调节输入 DC 0~10 V 电压可以改变电动机的转速,从而实现直流电动机的调速实训。

　　(4)可直接通过换向开关切换电动机的正反转,无须停止再启动。

【任务分析】

　　本次任务要实现他励直流电动机正反转控制,可采用电枢反接法来实现正反转,如图3-6所示,将电源调节到合适值即可。实现直流电动机的速度调节亦可使用专门的可控直流电源。

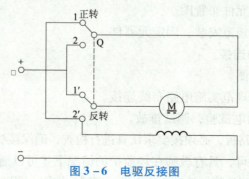

图 3-6　电驱反接图

本次任务可依托亚龙 YL－158－G 设备，该设备配有直流调速器、直流可调电源和按钮等元器件，使我们更加方便地控制直流电动机，只要按图3－7接好电路即可。

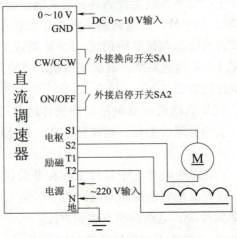

图3－7　直流调速器外部接线图

【任务实施】

学习直流电动机控制电路的接线，需要用到表3－3所列的工具、仪器和设备。

表3－3　工具、仪器和设备

序号	名称	型号规格	数量
1	直流可调电源	—	1个
2	他励直流电动机	—	1台
3	直流调速器	—	1个
4	按钮	自锁	2个
5	万用表	MF47 型或自选	1块
6	导线	试验专用	若干

实施步骤：

（1）电气元件的安装与固定。

①清点检查器材、元件。

②设计控制电路电气元件布置图。

③根据电气安装工艺规范安装、固定元器件。

（2）电气控制电路的连接。

①设计安装控制电路图。

②按照电气安装工艺规范实施电路布线连接。

（3）电气控制电路通电试验，调试排故。

①安装完毕的控制电路板，必须按要求认真进行检查，确保接线无误后才允许通电试车。

②经指导教师复查认可，具有教师在场监护的情况下才可以通电试验。

③若在校验过程中出现故障，学生应独立进行调试、排故。调试完毕，汇报老师检查打分。

④根据任务的完成情况，完成任务评价表格和测试报告。

⑤对实施过程中出现的问题进行总结，找出对应问题的解决方法。

【任务评价】

任务评价如表3-4所示。

表3-4 任务评价

序号	评价指标	评价内容	分值	学生自评	小组互评	教师点评
1	元器件的选用	能用正确方法判断元器件的好坏	10			
		元器件选用正确	20			
2	接线工艺规范	接线正确	20			
		接线工艺规范合理	20			
3	通电试车	一次性通电试车成功	10			
		独立进行调试，排除故障	10			
4	安全文明	工具与仪表使用正确	5			
		按要求穿戴工作服、绝缘鞋	5			
		总分	100			
问题记录和解决方法		记录任务实施中出现的问题和采取的解决方法				

【任务拓展】

他励直流电动机的正反转及调速控制我们已经了解了，那并励和串励直流电动机又是如何实现控制的呢？

任务三 直流电动机的 PLC 控制

【学习目标】

（1）熟悉 PLC 的使用及 PLC 程序的设计步骤。

（2）掌握 PLC 控制直流电动机的运转及调速。

直流电动机的 PLC 控制

【任务引入】

对调速性能要求较高的生产机械或者需要较大启动转矩的生产机械往往采用直流电动机驱动。使用直流电动机有许多优点，如：电动机调速经济，控制方便；机械特性较硬，稳定性较好；PLC 电动机转速控制可以完成液位控制、直流电动机旋转控制组态图，使操作人员通过计算机屏幕对现场的运行情况一目了然。用户可以通过组态图随时了解、观察并掌握整个控制系统的工作状态，必要时还可以通过界面向控制系统发出故障报警，进行人工干预。因此，本任务就来完成他励直流电动机 PLC 控制电路的安装与调试。

【相关知识】

1. PLC 简介

PLC（Programmable Logic Controller）是可编程逻辑控制器，它采用一类可编程的存储器，用于其内部存储程序，执行逻辑运算、顺序控制、定时、计数与算术操作等面向用户的指令，并通过数字或模拟式输入/输出控制各种类型的机械或生产过程，如图 3-8 所示。

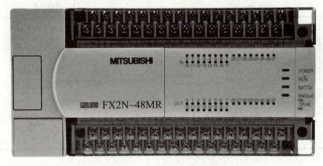

图 3-8　PLC 实物图

1）PLC 的基本构成

可编程逻辑控制器实质是一种专用于工业控制的计算机，其硬件结构基本上与微型计算机相同，基本构成如下。

（1）电源。

可编程逻辑控制器的电源在整个系统中起着十分重要的作用。如果没有一个良好的、可靠的电源系统是无法正常工作的。

（2）中央处理单元。

中央处理单元（CPU）是可编程逻辑控制器的控制中枢。它按照可编程逻辑控制器系统程序赋予的功能接收并存储从编程器键入的用户程序和数据；检查电源、存储器、I/O 以及警戒定时器的状态，并能诊断用户程序中的语法错误。

（3）存储器。

存放系统软件的存储器称为系统程序存储器。

存放应用软件的存储器称为用户程序存储器。

（4）输入/输出接口电路。

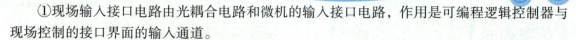

①现场输入接口电路由光耦合电路和微机的输入接口电路，作用是可编程逻辑控制器与现场控制的接口界面的输入通道。

②现场输出接口电路由输出数据寄存器、选通电路和中断请求电路集成，是可编程逻辑控制器通过现场输出接口电路向现场的执行部件输出相应的控制信号。

（5）功能模块。

计数、定位等均为功能模块。

（6）通信模块。

2）PLC 的工作原理

当可编程逻辑控制器投入运行后，其工作过程一般分为三个阶段，即输入采样、用户程序执行和输出刷新三个阶段。完成上述三个阶段称作一个扫描周期。在整个运行期间，可编程逻辑控制器的 CPU 以一定的扫描速度重复执行上述三个阶段。

3）PLC 功能特点

可编程逻辑控制器具有以下鲜明的特点。

（1）使用方便，编程简单。

（2）功能强，性价比高。

（3）硬件配套齐全，用户使用方便，适应性强。

（4）可靠性高，抗干扰能力强。

（5）系统的设计、安装、调试工作量少。

（6）维修工作量少，维修方便。

4）PLC 选型规则

在可编程逻辑控制器系统设计时，首先应确定控制方案，下一步工作就是可编程逻辑控制器工程设计选型。工艺流程的特点和应用要求是设计选型的主要依据。

PLC 的选择主要从 PLC 的机型、容量、I/O 模块、电源模块、特殊功能模块、通信联网能力等方面加以综合考虑。PLC 机型选择的基本原则是在满足功能要求及保证可靠、维护方便的前提下，力争最佳的性能价格比。选择时应主要考虑合理的结构形式、安装方式、相应的功能要求、响应速度要求、系统可靠性的要求、机型尽量统一等因素。

2. PLC 程序的设计步骤

设计 PLC 应用程序时，为了保证设计的系统安全可靠运行，需要遵循一定的步骤，具体如下：

（1）确定系统的控制要求。

（2）根据控制要求进行 I/O 分配。

（3）根据控制要求设计控制流程。

（4）画出 PLC 外围接线图（电气原理图和气路原理图）。

（5）编写 PLC 控制程序。

（6）布置好元件；装好线槽，固定好电气元件。

（7）对 PLC 的 I/O 进行连接。

（8）现场对设备进行调试。

（9）资料保存。

【任务要求】

利用 PLC 对他励直流电动机进行控制，要求按下启动按钮，电动机运行，按下换向按钮，电动机反转，按下停止按钮，电动机停转，并具有必要的保护措施。

【任务分析】

此任务需用 PLC 控制他励直流电动机，实现的方式可有多种，在这里依托亚龙 YL－158－G 设备，下面采用的方法仅供参考，可先利用 PLC 控制接触器控制电路，再利用接触器的常开触头来控制他励直流电动机的启停与正反转。直流调速器外部接线图如图 3－9 所示。

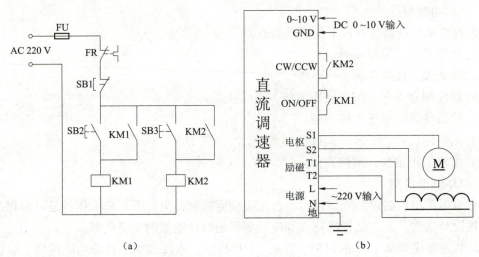

（a）　　　　　　　　　　　（b）

图 3－9　直流调速器外部接线图

【任务实施】

学习直流电动机控制电路的接线，需要用到表 3－5 所列的工具、仪器和设备。

表 3－5　工具、仪器和设备

序号	名称	型号规格	数量
1	直流可调电源	—	1 个
2	他励直流电动机	—	1 台
3	直流调速器	—	1 个
4	交流接触器	AC 220 V	2 个
5	热继电器	—	1 个
6	熔断器	—	1 个
7	按钮	—	3 个
8	万用表	MF47 型或自选	1 块
9	导线	试验专用	若干

实施步骤:

(1) 确定 PLC 输入/输出地址分配,如表 3 - 6 所示。

表 3 - 6 I/O 地址分配

输入继电器	输入点	输出继电器	输出点
启动按钮 SB2	X0	启动接触器 KM1	Y4
换向按钮 SB3	X1	换向接触器 KM2	Y5
停止按钮 SB1(常开)	X2	—	—
热继电器触头 FR(常开)	X3	—	—

(2) 绘制 PLC I/O 控制电路的接线图,如图 3 - 10 所示。

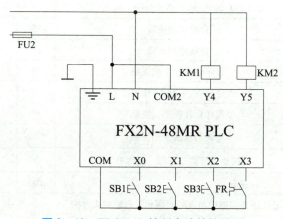

图 3 - 10 PLC I/O 控制电路的接线图

(3) 编写梯形图的控制程序,如图 3 - 11 所示。

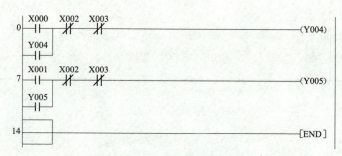

图 3 - 11 PLC 梯形图控制程序

(4) 功能调试。

①按图 3 - 9(b)和图 3 - 10 所示的 PLC 的 I/O 控制电路的接线图将电路接好,并用万用表检测电路是否正确。

②程序下载,用 RS - 232 下载程序到三菱的 PLC 中。打开 PLC 电源,下载并调试图 3 - 11 所示的参考程序使其符合控制要求(注意文件保存在 G 盘)。

③查看功能调试是否与任务要求一致,若不一致,则继续修改程序,检查电路;若一致,则汇报老师检查打分。

④根据任务的完成情况，完成任务评价表和测试报告。

⑤对实施过程中出现的问题进行总结，找出对应问题的解决方法。

【任务评价】

任务评价如表3-7所示。

表3-7　任务评价

序号	评价指标	评价内容	分值	学生自评	小组互评	教师点评
1	硬件设计	绘制电路正确	10			
		电路接线正确	10			
		PLC输入/输出地址分配正确	10			
2	程序设计	启停控制正确	15			
		换向控制正确	15			
		程序输入、下载正确	10			
3	功能调试	程序检查、调试方法正确	10			
		程序标注明确、完整	10			
4	安全文明	工具与仪表使用正确	5			
		按要求穿戴工作服、绝缘鞋	5			
		总分	100			
问题记录和解决方法		记录任务实施中出现的问题和采取的解决方法				

【任务拓展】

此次任务我们依托了亚龙 YL-158-G 设备，如果不采用 YL-158-G 中的直流调速器，想实现 PLC 对他励直流电动机进行控制，我们该如何实现控制呢？

项目四 三相异步电动机的控制

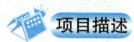 项目描述

在生产实践中,由于各种生产机械的工作性质和加工工艺的不同,使它们对电动机的控制要求不同,需要的电器类型不同,构成的控制电路也不同,有的比较简单,有的相当复杂。随着计算机技术的发展,电动机控制系统中采用可编程控制器(PLC)后通过编程可以很方便地改变控制功能,该系统具有通用性强、可靠性高的优点。本项目主要介绍三相异步电动机典型控制电路的继电器-接触器控制以及 PLC 控制,主要包括以下典型控制电路:正转控制电路、正反转控制电路、位置控制电路、降压启动控制电路、制动控制电路和调速控制电路等。通过理实一体的学习,使学生掌握三相异步电动机典型控制电路的安装与调试。了解其在工业生产中的应用,能够正确检测、判断、排除典型电路故障。

 学习目标

知识目标

(1)熟悉三相异步电动机启动、制动以及变频调速的工作原理。
(2)理解变频器调速的工作原理。
(3)学会 PLC 控制三相异步电动机的编程方法。

能力目标

(1)学会正确安装三相异步电动机典型控制电路。
(2)能够正确进行三相异步电动机典型控制电路的调试。
(3)能够正确进行变频器相关参数的设置。
(4)能够正确检测、判断、排除三相异步电动机典型电路故障。

任务一　三相异步电动机的正反转控制

【子任务1】具有过载保护的接触器自锁正转控制

具有过载保护的接触器
自锁控制线路

【学习目标】

（1）熟悉具有过载保护的自锁正转控制电路的构成和工作原理。

（2）学会正确安装与调试具有过载保护的接触器自锁正转控制电路。

【任务引入】

在生产实践中，由于各种生产机械的工作性质和加工工艺的不同，使它们对电动机的控制要求不同，需要的电器类型不同，构成的控制电路也不同，有的比较简单，有的相当复杂。电动机常见的基本控制电路有正转控制电路、正反转控制电路、位置控制电路、降压启动控制电路、制动控制电路和调速控制电路等。本次任务就来完成具有过载保护的自锁正转控制电路的安装与调试。

【相关知识】

1. 自锁

当启动按钮松开后，接触器通过自身的辅助常开触头使其线圈保持得电的作用叫作自锁。与启动按钮并联起自锁作用的辅助常开触头叫作自锁触头。

2. 电动机进行过载保护的原因

过载保护是指当电动机出现过载时，能自动切断电动机的电源，使电动机停转的一种保护。电动机在运行的过程中，如果长期负载过大，或启动操作频繁，或缺相运行，都有可能使电动机定子绕组电流增大，超过其额定值。而在这种情况下，熔断器往往并不熔断，从而引起定子绕组过热，使温度持续升高。若温度持续升高，就会造成绝缘损坏，缩短电动机的使用寿命，严重时甚至烧毁电动机的定子绕组。因此，对电动机必须采取过载保护的措施。

3. 具有过载保护的接触器自锁正转控制电路的原理图

图4-1所示为具有过载保护的接触器自锁正转控制电路原理图。熔断器 FU1 和 FU2 分别作主电路和控制电路的短路保护用，接触器 KM 除了控制电动机的启、停外，还作欠压和失压保护用，热继电器 FR 作过载保护用。

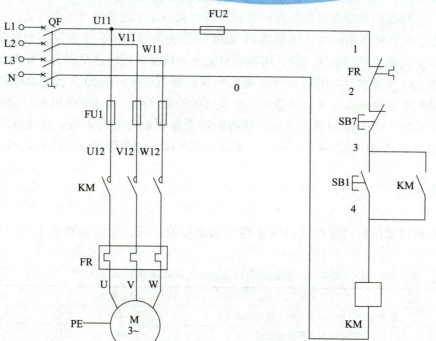

图 4 – 1　具有过载保护的接触器自锁正转控制电路原理图

控制要求如下：

（1）按下正转启动按钮 SB1，接触器 KM 主触头闭合，电动机正转连续运行。

（2）按下停止按钮 SB7，电动机停止运行。

（3）正转电路具有自锁功能。

（4）系统还具有失压、欠压、过载保护的功能。

【任务分析】

在该控制电路中，FR 的热元件串接在三相主电路中，常闭触头串接在控制电路中。若电动机在运行过程中，由于过载或其他原因使电流超过其额定值，那么经过一定时间后，串接在主电路中的热元件因受热发生弯曲，通过传动机构使串接在控制电路中的常闭触头分断，切断控制电路，接触器 KM 线圈失电，其主触头和自锁触头分断，电动机 M 失电停转，达到过载保护的目的。

电路的工作原理如下：接通电源，合上电源开关 QF。

启动：

停止：

按下SB7 ──→ KM线圈失电 ──┬──→ KM主触头分断 ──→ 电动机M失电停转
　　　　　　　　　　　　　　└──→ KM自锁触头分断

思考：熔断器和热继电器都是保护电器，两者能否互相代替使用？为什么？

在照明、电加热等电路中，熔断器 FU 既可以作为短路保护，也可以作为过载保护。但是对三相异步电动机控制电路来说，熔断器只能作短路保护用。这是因为三相异步电动机的启动电流很大（全压启动时的启动电流能达到额定电流的 4~7 倍），若用熔断器作过载保护，则选择的额定电流就应等于或稍大于电动机的额定电流，这样电动机在启动时，由于启动电流大大超过了熔断器的额定电流，使熔断器在很短的时间内熔断，造成电动机无法启动，所以熔断器只能作短路保护，熔体的额定电流应取电动机额定电流的 1.5~2.5 倍。

【任务实施】

学习具有过载保护的接触器自锁正转控制电路的接线，需要用到表 4-1 所列的工具设备。

表 4-1 接触器自锁正转控制电路所需工具设备

序号	名称	型号规格	数量
1	亚龙 YL-158-G（三相交流可调电源）	0~420 V	1 个
2	三相鼠笼式异步电动机	100 W	1 台
3	交流接触器	5 A	1 个
4	熔断器	5 A/2 A	2 个
5	热继电器	1 A	1 个
6	按钮	红/绿	2 个
7	万用表	MF47 型或自选	1 块
8	导线	试验专用	若干

实施步骤：

（1）电气元件的安装与固定。

①清点检查器材、元件。

②设计该控制电路电气元件布置图。

③根据电气安装工艺规范安装、固定元器件。

（2）电气控制电路的连接。

①设计具有过载保护的接触器自锁正转控制电路图，如图 4-1 所示。

三相异步电动机
正转控制视频

②安装工艺规范实施电路布线连接，包括接触器 KM 的自锁触头应并接在启动按钮 SB1 的两端，停止按钮 SB7 应串接在控制电路中；热继电器的热元件应串接在主电路中，它的常闭触头应串接在控制电路中；按钮内接线时，用力不可过猛，以防螺钉打滑；电动机以及按钮的金属外壳必须可靠接地；热继电器的整定电流应按电动机的额定电流自行调整，绝不允许弯折双金属片；热继电器因电动机过载动作后，若需再次启动电动机，必须待热元件冷却并且热继电器复位后才可进行。

（3）电气控制电路通电试验，调试排故。

①安装完毕的控制电路，必须按要求认真进行检查，确保接线无误后才允许通电试车。

②经指导教师复查认可，具有教师在场监护的情况下才可以通电试验。

③若在校验过程中出现故障，学生应独立进行调试、排故。调试完毕，汇报老师检查打分。

④根据任务的完成情况，完成任务评价表和测试报告。

⑤对实施过程中出现的问题进行总结，找出对应问题的解决方法。

【任务评价】

任务评价如表4-2所示。

表4-2 任务评价

序号	评价指标	评价内容	分值	学生自评	小组互评	教师点评
1	装前检查	电气元件漏检或错检	10			
2	原理图设计	绘制主电路、控制电路正确	10			
		原理图设计符合控制要求	10			
3	安装布线	电气电路连接规范正确	20			
		元件安装整齐、合理	20			
4	通电试车	热继电器未整定或整定错误	10			
		独立进行调试、排除故障	10			
5	安全文明	工具与仪表使用正确	5			
		按要求穿戴工作服、绝缘鞋	5			
	总分		100			
问题记录和解决方法	记录任务实施中出现的问题和采取的解决方法					

【任务拓展】

机床设备在正常工作时，一般需要电动机处在连续运转的状态。但在试车或调整刀具与工件的相对位置时，又需要电动机能点动控制，试设计实现此功能的电路图。

【子任务2】三相异步电动机接触器联锁正反转控制

【学习目标】

（1）熟悉三相异步电动机接触器联锁正反转控制电路的工作原理。

（2）学会正确安装与调试接触器联锁正反转控制电路。

【任务引入】

在生产加工过程中，生产机械的运动部件往往要求实现正、反两个方向的运动。例如，机床工作台的前进与后退，主轴电动机的正转与反转，电梯的升降，这就要求电气传动系统中的电动机可做正反方向运转。为了使电动机能够安全、可靠地实现正反转，需要正确的互锁电路，本任务就来完成三相异步电动机正反转控制电路的安装与调试。

【相关知识】

1. 主电路正反转的实现

当改变通入电动机定子绕组的三相电源的相序，即把介入电动机三相电源进线中的任意两相对调接线，电动机就可以实现反转。

2. 联锁

利用两个控制电路的常闭触头使一个电路工作，而另一个电路绝对不能工作的相互制约作用称为联锁。

3. 接触器联锁正反转控制的原理图

图 4 - 2 所示为接触器联锁正反转控制电路的原理图。电路中采用了两个接触器，即正转用的接触器 KM1 和反转用的接触器 KM2，它们分别由正转按钮 SB1 和反转按钮 SB2 控

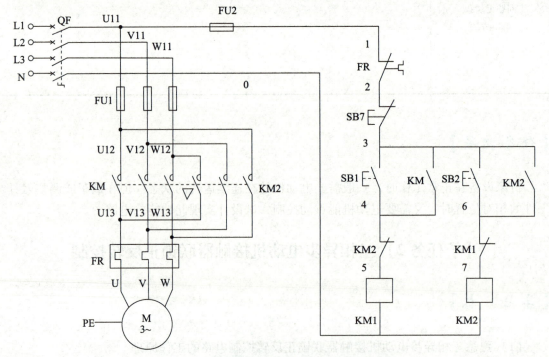

图 4 - 2   接触器联锁正反转控制电路的原理图

制，从主电路可以看出，这两个接触器的主触头所接通的电源相序不同，KM1 按 L1 – L2 – L3 相序接线，KM2 则按 L3 – L2 – L1 相序接线；相应的控制电路有两条，一条是由按钮 SB1 和接触器 KM1 线圈等元件组成的正转控制电路；另一条是由按钮 SB2 和接触器 KM2 线圈等元件组成的反转控制电路。

控制要求如下：

（1）按下正转启动按钮 SB1，接触器 KM1 得电，主触头闭合，电动机正转运行。

（2）按下反转启动按钮 SB2，接触器 KM2 得电，主触头闭合，电动机反转运行。

（3）按下停止按钮 SB7，电动机停止运行。

（4）正转和反转都具有自锁功能。

（5）系统还具有互锁功能。

【任务分析】

电路的工作原理如下：接通电源，合上电源开关 QF。

正转控制：

反转控制：

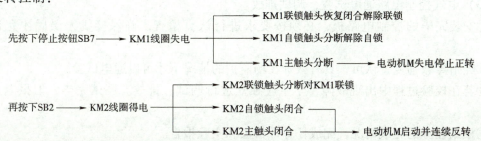

思考：接触器 KM1 和 KM2 的主触头同时闭合，会造成什么后果？应采取什么样的措施避免？

必须指出，接触器 KM1 和 KM2 的主触头绝不允许同时闭合，否则将造成两相电源（L1 相和 L3 相）短路事故。为了避免两个接触器 KM1 和 KM2 同时得电动作，在正反转控制电路中分别串接了对方接触器的一对辅助常闭触头。

当一个接触器得电动作时，通过其辅助常闭触头使另一个接触器不能得电动作，接触器之间这种相互制约的作用叫作接触器联锁（或互锁）。实现联锁作用的辅助常闭触头称为联锁触头（或互锁触头），联锁用符号"△"表示。

思考：接触器联锁正反转控制电路的工作原理是什么？该电路有哪些优点和不足？

【任务实施】

学习三相异步电动机正反转控制电路的接线，需要用到表 4 – 3 所列的工具、仪器和设备。

表4－3　电动机正反转转控制电路所需工具、仪器和设备

序号	名称	型号规格	数量
1	亚龙 YL－158－G（三相交流可调电源）	0~420 V	1个
2	三相鼠笼式异步电动机	100 W	1台
3	交流接触器	5 A	2个
4	熔断器	5 A/2 A	1个
5	热继电器	1 A	1个
6	按钮	红/绿	3个
7	万用表	MF47 型或自选	1块
8	导线	试验专用	若干

实施步骤：

（1）电气元件的安装与固定。

①清点检查器材、元件。

②设计接触器联锁控制电路电气元件布置图。

③根据电气安装工艺规范安装、固定元器件。

（2）电气控制电路的连接。

①设计安装接触器联锁控制电路图，如图4－2所示。

②按照电气安装工艺规范实施电路布线连接。

（3）电气控制电路通电试验，调试排故。

①安装完毕的控制电路板，必须按要求进行认真检查，确保接线无误后才允许通电试车。

②经指导教师复查认可，具有教师在场监护的情况下才可以通电试验。

③若在校验过程中出现故障，学生应独立进行调试、排故。调试完毕，汇报老师检查打分。

④根据任务的完成情况，完成任务评价表和实验报告。

⑤对实施过程中出现的问题进行总结，找出对应问题的解决方法。

【任务评价】

任务评价如表4－4所示。

表4－4　任务评价

序号	评价指标	评价内容	分值	学生自评	小组互评	教师点评
1	原理图设计	绘制主电路、控制电路正确	10			
		电路连接规范正确	20			
2	工作原理分析	工作原理分析正确	20			
		自锁、互锁分析正确	20			

序号	评价指标	评价内容	分值	学生自评	小组互评	教师点评
3	通电试车	一次性通电试车成功	10			
		独立进行调试，排除故障	10			
4	安全文明	工具与仪表使用正确	5			
		按要求穿戴工作服、绝缘鞋	5			
		总分	100			
问题记录和解决方法		记录任务实施中出现的问题和采取的解决方法				

【任务拓展】

电动机从正转变为反转时，必须先按下停止按钮后，才能按反转启动按钮，怎样克服接触器联锁正反转控制电路操作不便的缺点？用两个复合按钮代替图 4 - 2 中的两个启动按钮能否实现？

【子任务 3】三相异步电动机可逆运行的 PLC 控制

三相异步电动机
正反转 PLC 控制

【学习目标】

（1）学会 PLC 控制三相异步电动机运行的工作原理。

（2）理解 PLC 基本逻辑指令的使用方法。

（3）学会正确安装与调试三相异步电动机可逆运行的 PLC 控制电路。

【任务描述】

根据三相异步电动机接触器联锁正反转控制电路的原理图（图 4 - 2），利用 PLC 进行三相异步电动机的正反转启动和停止控制。

要求如下：电动机 M 由接触器 KM1 控制其正转，由接触器 KM2 控制其反转，SB1 为正转启动按钮，SB2 为反转启动按钮，SB7 为停止按钮。必须保证在任何情况下，正、反转接触器不能同时接通。电路上采取将正反转启动按钮 SB1、SB2 互锁及接触器 KM1、KM2 互锁

79

的措施。

【相关知识】

1. 基本逻辑指令介绍

（1）LD 指令称为"取指令"，LDI 指令称为"取反指令"，LD/LDI 指令用于软元件的常开/常闭触头与母线、临时母线、分支起点的连接。或者说表示母线运算开始的触头。LD/LDI 指令可用的软元件有 X、Y、M、S、T、C。

（2）OUT 指令称为"输出指令"，也叫线圈驱动指令，根据逻辑运算结果去驱动一个指定的线圈。

①OUT 指令不能用于驱动输入继电器，因为输入继电器的状态由输入信号决定。

②OUT 指令可以连续使用，相当于线圈的并联，且不受使用次数的限制。

③定时器（T）及计数器（C）使用 OUT 指令后，必须有常数设定值语句。

OUT 指令可使用的软元件有 Y、M、S、T、C。

程序示例：LD/LDI/OUT 指令的应用示例如图 4 - 3 所示。

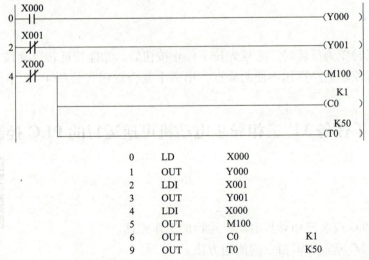

图 4 - 3　LD/LDI/OUT 指令的应用示例

2. AND/ANI（与/与非）指令

AND/ANI 指令用于一个常开/常闭触头与其前面电路的串联连接（作"逻辑与"运算），串联触头的数量不限，该指令可多次使用。AND/ANI 指令可用的软元件有 X、Y、M、S、T、C 等。其应用示例如图 4 - 4 所示。

3. OR/ORI（或/或非）指令

OR/ORI 指令用于一个常开/常闭触头与前面电路并联连接（作逻辑或运算）。并联触头数量不限，该指令可多次使用。OR/ORI 指令可使用的软元件有 X、Y、M、S、T、C 等。其应用示例如图 4 - 5 所示。

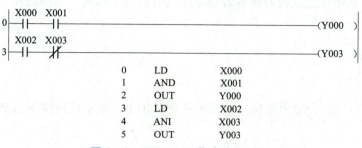

```
0    LD     X000
1    AND    X001
2    OUT    Y000
3    LD     X002
4    ANI    X003
5    OUT    Y003
```

图 4 – 4　AND/ANI 指令应用示例

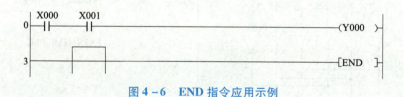

```
0    LD     X000
1    OR     X002
2    AND    X001
3    ORI    X004
4    OUT    Y000
```

图 4 – 5　OR/ORI 指令应用示例

4. END（程序结束）指令

END 指令用于程序的结束，指令后没有软元件。PLC 以扫描的方式执行程序，执行到 END 指令时，扫描周期结束，再进行下一个扫描周期的扫描。END 指令后面的程序不执行。调试程序时，常常在程序中插入 END 指令，将程序进行分段调试，如图 4 – 6 所示。

```
0    X000   X001                          (Y000)
3           [                             [END]
```

图 4 – 6　END 指令应用示例

【任务分析】

电动机可逆运行方向的切换是通过两个接触器 KM1、KM2 的切换来实现的。切换时需要改变电源的相序。在设计程序时，必须防止由于电源换相所引起的短路事故。例如，在由正向运转切换到反向运转时，当正向接触器 KM1 断开时，由于其主触头内瞬时产生的电弧，使这个触头仍处于接通状态，如果这时使反转接触器 KM2 闭合，就会使电源短路。因此，必须在完全没有电弧的情况下才能使反转接触器闭合。

可逆运行控制是互以对方不工作作为自身工作的前提条件的，即无论先接通哪一个输出继电器，另外一个输出继电器都不能接通，也就是说两者中任何一个启动之后都会把另一个启动回路断开，从而保证任何时候两者都不能同时启动。因此，在控制环节中，该电路可实现信号互锁。

【任务实施】

（1）确定 PLC 输入/输出地址分配表：三相异步电动机正反转控制的 PLC I/O 地址分配如表 4-5 所示。

表 4-5　三相异步电动机正反转控制的 PLC I/O 地址分配

输入继电器	输入点	输出继电器	输出点
正转启动按钮 SB1	X0	正转接触器 KM1	Y4
反转启动按钮 SB2	X1	反转接触器 KM2	Y5
停止按钮 SB7（常开）	X2	—	—
热继电器触头 FR（常开）	X3	—	—

（2）绘制三相异步电动机可逆运行控制的主电路和 PLC I/O 控制电路的接线图，如图 4-7所示。

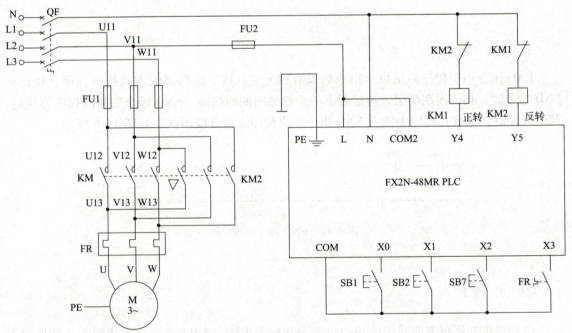

图 4-7　三相异步电动机可逆运行的主电路和 PLC I/O 控制电路的接线图

（3）编写梯形图的控制程序：根据三相异步电动机可逆运行的控制要求，编写控制程序梯形图，如图 4-8 所示。

需要注意的是，虽然在梯形图中已经有了软继电器的互锁触头，但在外部的硬件输出电路中还必须使用 KM1、KM2 的常闭触头进行互锁，以免主电路短路造成熔断器熔断。由于 PLC 的循环扫描周期中的输出处理时间远小于外部硬件接触器触头的动作时间（例如，虽

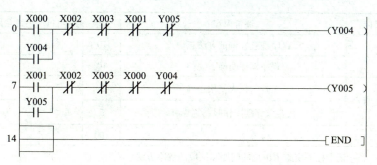

图 4-8　电动机可逆运行控制程序梯形图

然 Y4 迅速断开，但 KM1 的触头尚未断开或由于断开时电弧的存在，在没有外部硬件互锁的情况下，KM2 的触头可能已经接通，从而引起主电路短路），因此，必须采用软硬件双重互锁，同时也避免了因接触器 KM1 和 KM2 的主触头熔焊引起电动机主电路短路。

在互锁控制程序中，几组控制元件的优先权是平等的，它们可以相互封锁，先动作的具有优先权。两个输入控制信号 X0 和 X1 分别控制两路输出信号 Y4 和 Y5。当 X0 和 X1 中的某一个先按下时，这一路控制信号就取得了优先权，另外一个即使按下，这路信号也不会动作。

（4）功能调试。

①按图 4-7 所示的主电路和 PLC 的 I/O 控制电路的接线图将电路接好，并用万用表检测电路是否正确。

②程序下载，用 RS-232 下载程序到三菱的 PLC 中。打开 PLC 电源，下载并调试图 4-8 所示的参考程序使其符合控制要求（注意文件保存在 G 盘）。

③查看功能调试是否与任务要求一致，若不一致，则继续修改程序，检查电路；若一致，则汇报老师检查打分。

④根据任务的完成情况，完成任务评价表和测试报告。

⑤对实施过程中出现的问题进行总结，找出对应问题的解决方法。

【任务实施】

任务评价如表 4-6 所示。

表 4-6　任务评价

序号	评价指标	评价内容	分值	学生自评	小组互评	教师点评
1	硬件设计	绘制主电路、控制电路正确	10			
		电路接线正确	10			
		PLC 输入/输出地址分配正确	10			
2	程序设计	启停控制正确	10			
		可逆运行控制正确	20			
		程序输入、下载正确	10			

续表

序号	评价指标	评价内容	分值	学生自评	小组互评	教师点评
3	功能调试	程序检查、调试方法正确	10			
		程序标注明确、完整	10			
4	安全文明	工具与仪表使用正确	5			
		按要求穿戴工作服、绝缘鞋	5			
		总分	100			
问题记录和解决方法		记录任务实施中出现的问题和采取的解决方法				

【任务拓展】

假设用两个按钮控制启停，按下启动按钮后电动机开始正转。正转 5 min 之后，停 3 min，然后开始反转；反转 5 min 后，停 5 min 再正转，以此循环，如果按下停止按钮，不管电动机处于哪个状态，电动机都要停止运行。请根据上述要求绘制电气控制的主电路和 PLC 的 I/O 控制电路原理图并进行控制程序的设计。

任务二　三相电动机自动往返循环控制

【子任务1】工作台自动往返循环控制电路的安装与调试

【学习目标】

（1）理解位置控制的基本概念与行程开关的使用方法。
（2）学会正确安装与调试工作台自动往返循环控制电路。

工作台自动往返循环
控制线路的安装与调试

【任务引入】

在生产实际中，有些生产机械（如龙门刨床、导轨磨床等）的工作台要求在一定的行程内自动往返运动，以便实现对工件的连续加工，提高生产效率。

为此常利用直接测量位置信号的元件——行程开关作为控制元件来控制电动机的正反转，这种控制方式称为行程原则的自动控制。

【相关知识】

1. 位置控制（行程控制或限位控制）的概念

1）位置（行程）开关

位置（行程）开关又称限位开关，是一种利用生产机械运动部件的碰撞发出指令的主令电器，用于控制生产机械的运动方向、行程大小或作为限位保护，如图4-9所示。行程开关的结构形式很多，但基本上都是以某种位置开关元件作为基础的，装置不同的操作从而得到不同的形式，如图4-9所示。

图4-9　行程开关的外形结构

行程开关按运动形式的不同分为直动式和转动式；按结构不同分为直动式、滚动式和微动式；按触头性质的不同分为有触头式和无触头式。行程开关的文字符号和图形符号如图4-10所示。

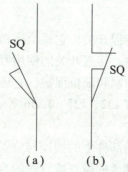

（a）　　　　（b）

图4-10　行程开关的文字符号和图形符号

（a）常开触头；（b）常闭触头

（1）直动式行程开关。图4-11所示为JLXK1型直动式行程开关的结构。其动作与控制按钮类似。只是它用运动部件上的撞块来碰撞行程开关的推杆。其优点是结构简单、成本较低；缺点是触头的分合速度取决于撞块的移动速度。若撞块移动太慢，则触头就不能瞬时切断电路，使电弧在触头上停留时间较长，易于烧蚀触头。

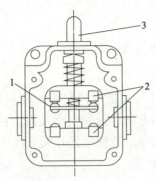

图 4 – 11　JLXK1 型直动式行程开关的结构
1—动触头；2—推杆；3—静触头

（2）微动开关为了克服直动式结构的缺点，可采用具有弯片状弹簧的瞬动结构。图 4 – 12 所示为 LX31 型微动开关，当推杆被压下时，弹簧片发生变形，存储能量并产生位移，当达到预定的临界点时，弹簧片连同触头产生瞬时跳跃，从而导致电路的接通、分断或转换，同样减小操作力时，弹簧片会向相反方向跳跃。微动开关体积小、动作灵敏，适合在小型机构中使用。

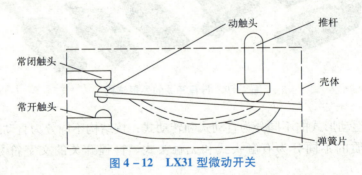

图 4 – 12　LX31 型微动开关

2）接近开关

接近开关是电子式、无触头的行程开关，它是由运动部件上的金属片与之接近到一定的距离时发出的接近信号来实现控制的。接近开关的使用寿命长，操作频率高，动作迅速、可靠，其用途已远远超出一般的行程控制和限位保护，它还可以用于高速计数、测速、液面控制、金属体检测等，其常用的型号有 LJ2、LJ5、LXJ6 等。

3）位置控制

位置控制就是利用生产机械运动部件上的挡铁与位置开关碰撞，使其触头动作来接通或断开电路，达到控制生产机械运动部件的位置或行程的自动控制。

4）位置控制电路

在生产过程中，一些生产机械运动部件的行程或位置要受到限制，如在摇臂钻床、万能铣床、镗床、桥式起重机及各种自动或半自动控制的机床设备中就经常遇到这种控制要求。

　　图 4 – 13 所示为工厂车间里行车常采用的位置控制原理图，图 4 – 13（a）是行车运动示意图，在行车运行电路的两头终点处各安装一个行程开关 SQ1 和 SQ2，它们的常闭触头分别串接在正转控制电路和反转控制电路中。当安装在行车前后的挡铁 1 或挡铁 2 撞击行程开关的滚轮时，行程开关的常闭触头分断，切断控制电路，使行车自动停止。

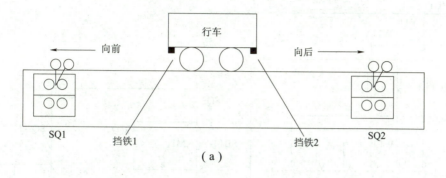

（a）

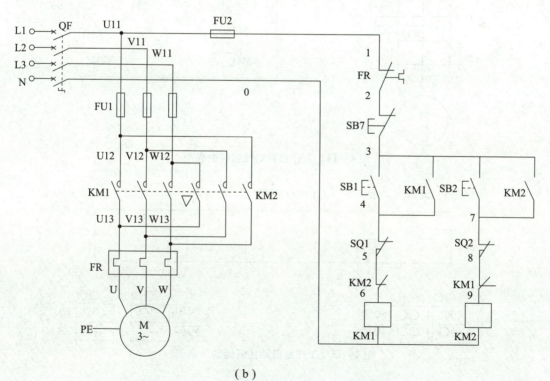

（b）

图 4 – 13　工厂车间里行车常采用的位置控制原理图
（a）行车运动示意图；（b）原理图

　　图 4 – 13 所示位置控制电路的工作原理请参照接触器联锁正反转控制电路自行分析。行车的行程和位置可以通过移动行程开关的安装位置来调节。

　　思考：当图 4 – 13 中行车上的挡铁撞击行程开关使其停止向前运动后，再次按下启动按钮 SB1，电路会不会接通行车继续前进？为什么？

　　注意：SQ1、SQ2 是用来作终端保护的，以防行车超过两端的极限位置而造成事故。

2. 自动往返循环控制电路

由行程开关控制的工作台自动往返控制电路如图4-14所示。图4-15所示为工作台自动往返运动示意图。

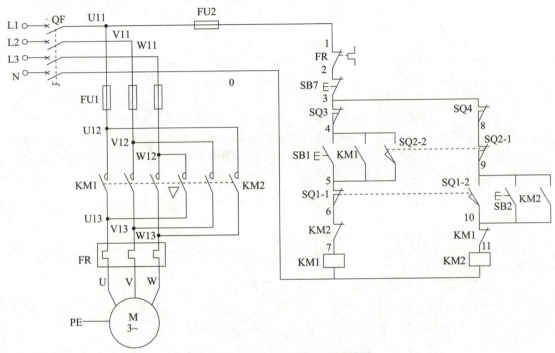

图4-14　工作台自动往返控制电路

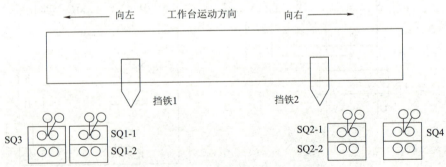

图4-15　工作台自动往返运动示意图

为了使电动机的正反转控制与工作台的左右运动相配合，在控制电路中设置了四个行程开关SQ1、SQ2、SQ3和SQ4，并把它们安装在工作台需要限位的地方。其中SQ1、SQ2用来自动换接电动机的正反转控制电路，实现工作台的自动往返；SQ3和SQ4用作终端保护，以防SQ1、SQ2失灵，工作台超过限定位置而造成事故。在工作台边的T形槽中装有两块挡铁，挡铁1只能和SQ1、SQ3相碰撞，挡铁2只能和SQ2、SQ4相碰撞。当工作台运动到所限位置时，挡铁碰撞行程开关，使其触头动作，自动换接电动机正反转控制电路，通过机械传动机构使工作台自动往返运动。工作台行程可通过移动挡铁位置来调节，拉开两块挡铁间的距离，行程变短，反之则变长。

88

控制要求如下：

（1）按下正转启动按钮 SB1，接触器 KM1 得电，主触头闭合，电动机正转运行，工作台左移，移至行程开关 SQ1 处，停止左移，电动机开始反转，工作台右移，碰到 SQ2 时停止右移，开始左移。

（2）按下反转启动按钮 SB2，接触器 KM2 得电，主触头闭合，电动机反转运行，工作台右移，移至行程开关 SQ2 处，停止右移，电动机开始正转，工作台左移，碰到 SQ1 时停止左移，开始右移。

（3）按下停止按钮 SB7，工作台停止运动。

【任务分析】

电路的工作原理如下：接通电源，合上电源开关 QF。

自动往返运动：

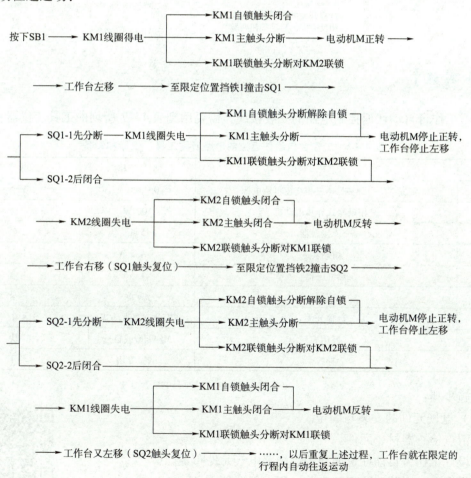

停止：

先按下停止按钮SB7 ⟶ 整个控制电路失电 ⟶ KM1（或KM）主触头分断2 ⟶ 电动机M失电停转

这里 SB1、SB2 分别作为正转启动按钮和反转启动按钮，若启动时工作台在左端，则应按下 SB2 进行启动。

注意：

（1）SQ1、SQ2被用来自动换接电动机正反转控制电路，实现工作台的自动往返行程控制。

（2）SQ3、SQ4被用来作终端保护，以防SQ1、SQ2失灵，工作台超过两端的极限位置而造成事故。

思考1：行程开关是如何接入电路的？

思考2：行程开关的两对触头分别被接入电路的什么位置？

分析电路图，总结出自动循环控制电路中行程开关的接线原则：将行程开关的常闭触头串入相对应的接触器线圈回路中，将常开触头并联在相反方向的启动按钮两端。未到限位时，行程开关不动作，只有碰撞行程开关时，常闭触头使电动机停转，常开触头使电动机反向启动。

三种电路之间的联系如下。

这三种电路的主电路完全相同，控制电路联系密切：

接触器联锁正反转控制电路 → 行程开关的常闭触头串入相对应的接触器线圈回路中 → 位置控制电路

行程开关的常开触头并联在相反方向的启动按钮两端 → 自动循环控制电路

【任务实施】

学习工作台自动往返控制电路的安装接线，需要用到表4-7所列的工具、仪器和设备。

表4-7　工作台自动往返控制电路所需工具、仪器和设备

序号	名称	型号规格	数量
1	亚龙YL-158-G（三相交流可调电源）	0~420 V	1个
2	三相鼠笼式异步电动机	100 W	1台
3	交流接触器	5 A	2个
4	熔断器	5 A/2 A	1个
5	热继电器	1 A	1个
6	按钮	红/绿	3个
7	行程开关	JLXK1型直动式	4个
8	万用表	MF47型或自选	1块
9	导线	试验专用	若干

实施步骤：

（1）电气元件的安装与固定。

①清点检查器材、元件。

②设计工作台自动往返循环控制电路电气元件布置。

③根据电气安装工艺规范安装、固定元器件。

（2）电气控制电路的连接。

①设计工作台自动往返循环控制电路。

②按照电气安装工艺规范实施电路布线连接，包括各电气元件与走线槽之间的外露导

工作台往返循环运行控制
线路的安装与调试

线，应合理走线，并尽可能做到横平竖直，垂直变换走向；所有的接线端子，导线头上都应该套有与电路图上相应接线号一致的编码套管，连接必须牢固。

（3）电气控制电路通电试验，调试排故。

①安装完毕的控制电路板，按要求认真进行检查，确保接线无误后才允许通电试车。

②经指导教师复查认可，具有教师在场监护的情况下才可以通电试验。

③若在校验过程中出现故障，学生应独立进行调试、排故。调试完毕，汇报老师检查打分。

④根据任务的完成情况，完成任务评价表和测试报告。

⑤对实施过程中出现的问题进行总结，找出对应问题的解决方法。

【任务评价】

任务评价如表 4-8 所示。

表 4-8　任务评价

序号	评价指标	评价内容	分值	学生自评	小组互评	教师点评
1	选用工具、仪表	工具、仪表少选或错选	5			
2	装前检查	电气元件选错型号和规格	5			
		电气元件漏检或错检	10			
3	原理图设计	绘制主电路、控制电路正确	5			
		电气电路连接规范正确	5			
4	安装布线	电气元件布置合理	10			
		电气元件安装整齐、走线合理	10			
		按原理图走线	20			
5	通电试车	一次性通电试车成功	10			
		独立进行调试，排除故障	10			
6	安全文明	工具与仪表使用正确	5			
		按要求穿戴工作服、绝缘鞋	5			
	总分		100			
问题记录和解决方法	记录任务实施中出现的问题和采取的解决方法					

【任务拓展】

通电校验时，在电动机正转（工作台向左运动）时，扳动行程开关 SQ1，电动机不反转且继续正转，原因是什么？应当如何处理？

【子任务2】单处卸料运料小车自动往返的PLC控制

单处装料卸料
小车PLC控制

【学习目标】

(1) 理解小车自动往返循环控制的工作原理。

(2) 能够正确安装与调试小车自动往返PLC控制电路。

【任务引入】

运料小车是工业送料的主要设备之一，广泛应用于自动生产线、冶金、有色金属、煤矿、港口、码头等行业，各工序之间的物品常用有轨小车来转运，小车通常采用电动机驱动，电动机正转小车前进，电动机反转小车后退。

本次实训的任务是以实际自动化生产车间小车自动装卸料为背景来设计的。下面先来了解一下实际生产过程中送料小车的自动装卸料过程：当生产工位需要物料时，用料工位的工人按下启动按钮，发出呼车信号，此时小车前行，在到达指定地点的限位传感器时小车停车，PLC控制装料侧的推板机开始推料，计时5s后装料完成，然后小车返回，到达呼车工位的限位传感器时小车停止并开始卸料，3s后卸料完成，之后小车再次前行，进入下一个循环……

我们将实际生产过程中送料小车的自动控制过程进行简化，归纳出本次的任务描述。

【任务描述】

图4-16所示为运料小车运行示意图。运料小车启动运行后，首先左行，在左行到限位开关SQ2处，停下来装料，30s后装料结束，小车开始右行；小车右行至限位开关SQ1处，停下来卸料，1min后卸料结束，再左行；左行至左行限位开关SQ2处再装料。这样不停地循环工作，直至按下停止按钮。

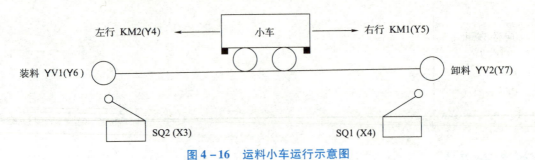

图4-16 运料小车运行示意图

【相关知识】

1. 定时器 T

1）定时器 T 简介

PLC 除线圈和触头之外，最常使用的编程元件就是定时器。PLC 内拥有许多定时器，属于子元件，定时器的地址编号用十进制表示。定时器相当于一个时间继电器，有设定值、当前值和有无数个常开/常闭触头供用户编程时使用。当定时器的线圈被驱动时，定时器以增计数方式对 PLC 内的时钟脉冲（1 ms、10 ms、100 ms）进行累积，当累积时间达到设定值时，其触头动作。定时器的元件编号如表 4－9 所示。

表 4－9　定时器的元件编号

分类	时间/ms	FX2N 定时器元件编号
通用定时器	100	T0 ~ T199，共 200 点
	10	T200 ~ T245，共 46 点
	1	—
积算定时器	1	T246 ~ T249，共 4 点
	10	T250 ~ T255，共 6 点

2）定时器的基本原理

定时器通过对一定周期时钟脉冲累计实现定时。当累积时间等于设定值时，定时器触头动作。

3）当前值与设定值

定时器当前累计的时间称为当前值；根据编程需要事先设定的时间称为设定值；设定值可用常数 K 和数据寄存器 D 的内容来设置，如图 4－17 所示。

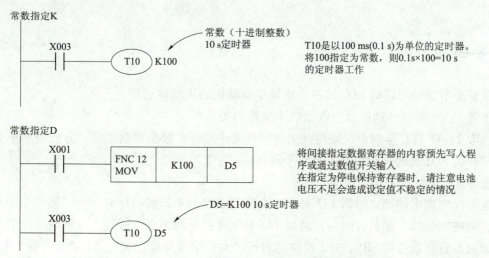

图 4－17　当前值与设定值的设置方法

4）定时器应用举例

（1）通用定时器。通用定时器的梯形图与波形图如图4-18所示。

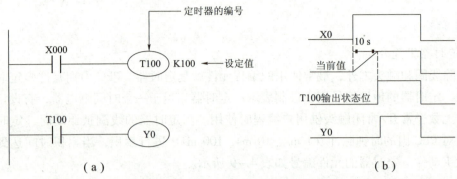

图4-18　通用定时器的梯形图与波形图
(a) 梯形图；(b) 波形图

（2）积算定时器。积算定时器的梯形图与波形图如图4-19所示。

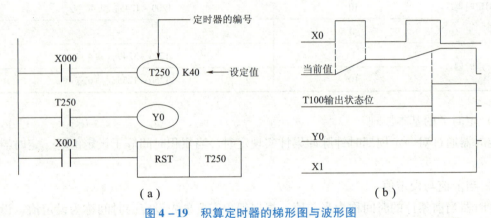

图4-19　积算定时器的梯形图与波形图
(a) 梯形图；(b) 波形图

【任务分析】

根据上节课学习过的 PLC 控制三相异步电动机的正反转运行。

思考1：小车的自动往返与电动机正反转的关系？

思考2：在 PLC 控制中，限位开关要实现几个动作？根据控制要求，分析当小车右行至右限位开关 SQ2 处时，限位开关有几个动作？

思考3：定时器 T 是如何动作的？

在本次实训中使用定时器 T37 和 T38 分别完成装料和卸料的计时。为了使小车能够自动启动，将控制装料、卸料计时的计时器 T37 和 T38 的延时闭合常开触头分别与手动启动的右行启动和左行启动按钮 SB1、SB2 控制的右行、左行输入继电器 X0、X1 的常开触头相并联。

用两个到位限位开关 SQ1、SQ2 控制输入继电器 X3、X4 的常开触头分别控制卸料、装料电磁阀及其计数器。为了使小车能够自动停止，并将停止按钮 SB7 的输入继电器 X2 的动断触头分别串入 Y4 和 Y5 的线圈回路。

【任务实施】

（1）确定单处卸料运料小车自动往返控制的 PLC I/O 地址分配，如表 4 – 10 所示。

表 4 – 10　单处卸料运料小车自动往返控制的 PLC I/O 地址分配

输入继电器	输入点	输出继电器	输出点
正转启动按钮 SB1	X0	正转接触器 KM1	Y4
反转启动按钮 SB2	X1	反转接触器 KM2	Y5
停止按钮 SB7（常开）	X2	装料电磁阀 YV1	Y6
左限位开关 SQ2	X3	卸料电磁阀 YV2	Y7
右限位开关 SQ1	X4	—	—

（2）绘制单处卸料运料小车自动往返控制的主电路和 PLC I/O 控制电路的接线图，如图 4 – 20 所示。

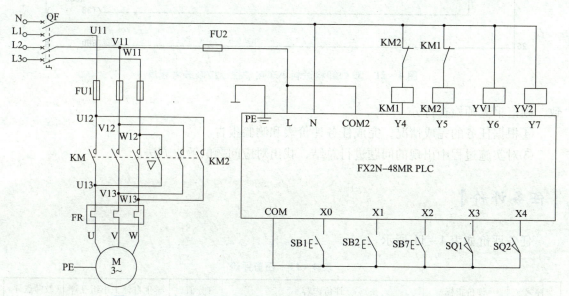

图 4 – 20　电动机可逆运行的主电路和 PLC I/O 控制电路接线图

单处卸料运料小车自动往返控制参考程序如图 4 – 21 所示。

（3）功能调试。

①按主电路和 PLC 的 I/O 控制电路的接线图将电路接好，并用万用表检测电路是否正确。

②程序下载，用 RS – 232 下载程序到三菱的 PLC 中。打开 PLC 电源，下载并调试参考程序使其符合控制要求（注意文件保存在 G 盘）。

③查看功能调试是否与任务要求一致。若不一致，则需继续修改程序，检查电路；若一

图 4-21　单处卸料运料小车自动往返控制参考程序

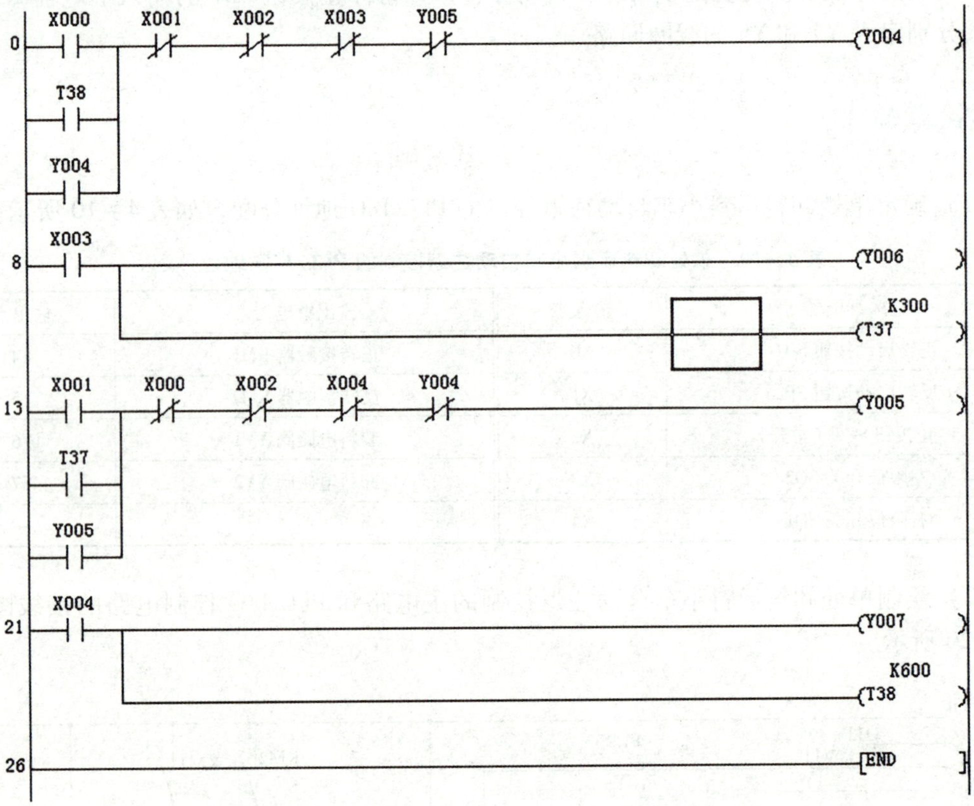

致，则汇报老师检查打分。

④根据任务的完成情况，完成任务评价表和测验报告。

⑤对实施过程中出现的问题进行总结，找出对应问题的解决方法。

【任务评价】

任务评价如表 4-11 所示。

表 4-11　任务评价

序号	评价指标	评价内容	分值	学生自评	小组互评	教师点评
1	硬件设计	绘制主电路、控制电路正确	10			
		电路接线正确	10			
		PLC 输入、输出地址分配正确	10			
2	程序设计	启停控制正确	10			
		可逆运行控制正确	20			
		程序输入、下载正确	10			
3	功能调试	程序检查、调试方法正确	10			
		程序标注明确、完整	10			

续表

序号	评价指标	评价内容	分值	学生自评	小组互评	教师点评
4	安全文明	工具与仪表使用正确	5			
		按要求穿戴工作服、绝缘鞋	5			
		总分	100			
问题记录和解决方法		记录任务实施中出现的问题和采取的解决方法				

【任务拓展】

两处卸料运料小车的 PLC 控制：在单处卸料系统的基础上，增加一处中间卸料，即启动小车后，右行先到中间卸料，再左行装料后，右行至右限位开关处卸料，如此反复。试编写程序。（本次任务完成的同学可先行考虑）

任务三　三相异步电动机降压启动控制

【子任务1】时间继电器自动控制 Y－△降压启动电路的安装与调试

【学习目标】

时间继电器控制
Y－△降压启动

（1）理解 Y－△降压启动以及时间继电器的工作原理。
（2）学会正确安装与调试时间继电器自动控制 Y－△降压启动控制电路。

【任务引入】

仔细回顾一下，前面学习的各种控制电路在启动时，加在电动机定子绕组上的电压是否等于电动机的额定电压？

启动时加在电动机定子绕组上的电压为电动机的额定电压，属于全压启动，也叫直接启动。直接启动的优点是所用电气设备少，电路简单，维修量较小。但是直接启动电流较大，一般为额定电流的4~7倍。在电源变压器容量不够大，而电动机功率较大的情况下，直接启动将导致电源变压器输出电压下降，不仅会减小电动机本身的启动转矩，而且会影响同一供电电路中其他电气设备的正常工作。因此较大容量的电动机启动时，需要采用降压启动的方法。

通常规定：电源容量在180 kV·A以上，电动机容量在7 kW以下的三相异步电动机可采用直接启动。

判断一台电动机能否直接启动，还可以用以下的经验公式来确定：

$$\frac{I_{st}}{I_N} \leqslant \frac{3}{4} + \frac{S}{4P}$$

式中　I_{st}——电动机全压启动电流，A；

　　　I_N——电动机额定电流，A；

　　　S——电源变压器容量，kV·A；

　　　P——电动机功率，kW。

凡不满足直接启动条件的，均须采用降压启动。

【相关知识】

1. 降压启动

降压启动是指利用启动设备将电压适当降低后，加到电动机定子绕组上进行启动，待电动机启动运转后，再使其电压恢复到额定电压正常运转。

由于电流随电压的降低而减小，所以降压启动达到了减小启动电流的目的。但是，由于电动机的转矩与电压的平方成正比，所以降压启动也将导致电动机的启动转矩大为降低。因此，降压启动需要在空载或轻载下进行。

常见的降压启动的方法有定子绕组串接电阻降压启动、自耦变压器降压启动、Y—△降压启动、延边三角形降压启动等。

2. 时间继电器自动控制星－三角（Y－△）降压启动控制电路

电动机启动时，把定子绕组接成Y形，运行时，绕组接成△形，由于三角形连接时加在每个绕组上的电压是星形连接时的3倍，所以采用星－三角启动方式可以降低启动电流。星－三角启动控制有多种控制方式，其中时间原则控制电路结构简单、容易实现，实际使用效果也好，应用比较广泛。按时间原则实现控制的控制电路如图4－22所示。启动时通过KM和KMY将电动机定子绕组接成星形，加在电动机每相绕组上的电压为额定电压的$\frac{1}{\sqrt{3}}$，启动电流为△接法的$\frac{1}{3}$，启动转矩也只有△接法的$\frac{1}{3}$，从而减小了启动电流。待启动后按预先整定的时间把KMY断开，闭合KM△，电动机定子绕组换成三角形连接，使电动机在额定电压下运行。

该电路由三个接触器、一个热继电器、一个时间继电器和两个按钮组成。接触器KM作引入电源用，接触器KMY和KM△分别作为Y形降压启动和△形运行用，时间继电器KT用作 Y 形降压启动时间和完成 Y－△ 自动切换，SB1 是启动按钮，SB7 是停止按钮，FU1 作主电路的短路保护，FU2 作控制电路的短路保护，FR 作过载保护。

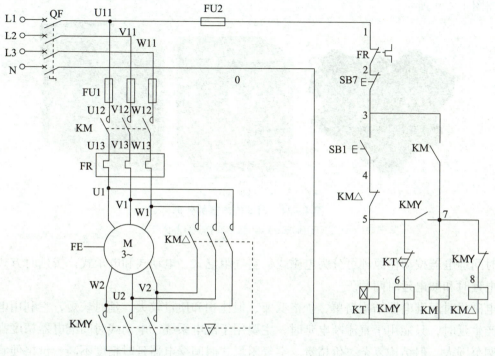

图 4－22 时间继电器自动控制星－三角（Y－△）降压启动控制电路

3. 电动机定子绕组 Y 形、△ 形接法的实现

电动机定子绕组端子排 Y 形、△ 形接法如图 4－23 所示。

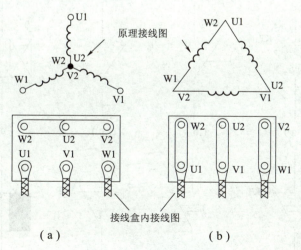

图 4－23 电动机接线排

（a）绕组 Y 形接法；（b）绕组 △ 形接法

4. 时间继电器

当继电器的感测机构接收到外界动作信号，经过一段时间延时后触头才动作的继电器称

为时间继电器。时间继电器是一种利用电磁原理或机械动作原理实现触头延时接通和断开的自动精致电器。时间继电器用于需要按时间顺序进行控制的电气控制电路中。时间继电器的外形如图4-24所示。

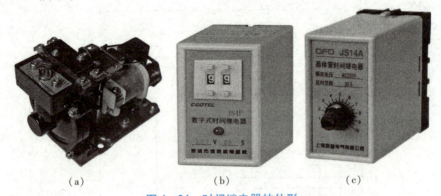

图4-24　时间继电器的外形
（a）空气阻尼式；（b）数字式；（c）晶体管式

时间继电器按动作原理可分为电磁式、空气阻尼式、电动式和电子式；按延时方式可分为通电延时和断电延时两种。

电磁式时间继电器结构简单、价格低廉、但体积和质量较大，延时较短，它利用电磁阻尼来产生延时，只能用于直流断电延时，主要用于配电系统。电动式时间继电器精度高，延时可调范围大，但结构复杂、价格贵。空气阻尼式时间继电器延时精度不高、价格便宜、整定方便。晶体管式时间继电器结构简单、延时长、精度高、消耗功率小、调整方便，且寿命长。时间继电器的文字符号为KT，各种常开触头、常闭触头的符号比较复杂，如图4-25所示。线圈的符号也分为通电延时和断电延时两种。

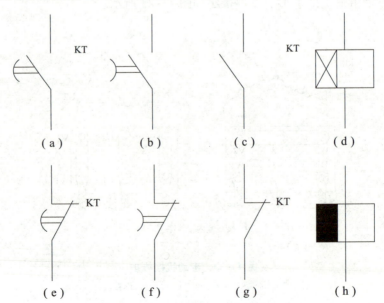

图4-25　时间继电器触头和线圈的符号
（a）延时闭合常开触头；（b）延时断开常开触头；（c）瞬时闭合常开触头；（d）通电延时线圈；
（e）延时断开常闭触头；（f）延时闭合常闭触头；（g）瞬时断开常闭触头；（h）断电延时线圈

【任务要求】

按下启动按钮，电动机以星形连接启动，延时 6 s 后解除星形连接，再延时 1 s 后以三角形连接运行，按下停止按钮 SB$_2$ 后，电动机停止。

【任务分析】

电路的工作原理如下：接通电源，合上电源开关 QF。

降压启动：

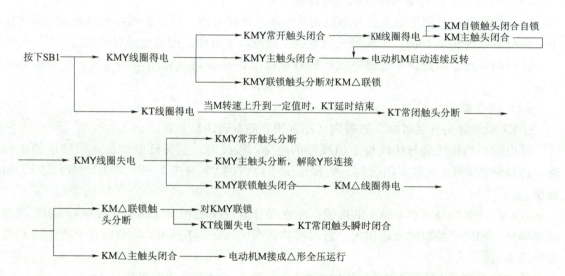

停止时，按下 SB7 即可。

该电路中，接触器 KMY 得电以后，通过 KMY 的辅助常开触头使接触器 KM 得电动作，这样 KMY 的主触头是在无负载的条件下进行闭合的，故可以延长接触器 KMY 主触头的使用寿命。

【任务实施】

学习三相异步电动机 Y－△降压启动控制电路所需的安装接线，需要用到表 4－12 所列的工具、仪器和设备。

表 4－12　Y－△降压启动控制电路所需工具、仪器和设备

序号	名称	型号规格	数量
1	亚龙 YL－158－G（三相交流可调电源）	0～420 V	1 个
2	三相鼠笼式异步电动机	100 W	1 台
3	交流接触器	5 A	3 个

续表

序号	名称	型号规格	数量
4	熔断器	5 A/2 A	2 个
5	热继电器	1 A	1 个
6	按钮	红/绿	2 个
7	时间继电器	CKCAH2 – Y	1 个
8	万用表	MF47 型或自选	1 块
9	导线	试验专用	若干

实施步骤：

（1）时间继电器的结构调整和时间整定。

①结构调整：时间继电器分为通电延时与断电延时两种，只要将固定电磁系统的螺栓松下，将电磁系统转动 180°，结构形式就发生了改变。本电路使用通电延时结构。

②时间整定：调整固定电磁系统的螺栓前后的距离和调节时间调整选钮，注意箭头的方向。

（2）接线要求。

①KT 瞬时触头和延时触头的辨别（用万用表测量确认）和接线。

②电动机的接线端与接线排上出线端的连接。接线时，要保证电动机△形接法的正确性，即接触器 KM△ 主触头闭合时，应保证定子绕组的 U1 与 W2、V1 与 U2、W1 与 V2 相连接。

③KM、KMY、KM△ 主触头的接线：注意要分清进线端和出线端。如接触器 KMY 的进线必须从三相定子绕组的末端引入，若误将其首端引入，则在 KMY 吸合时，会产生三相电源短路事故。

④控制电路中 KM 和 KMY 触头的选择和 KT 触头、线圈之间的接线。

（3）电气控制电路通电试验，调试排故。

①安装完毕的控制电路板，必须按要求认真进行检查，确保接线无误后才允许通电试车。

②经指导教师复查认可，具有教师在场监护的情况下才可以通电试验。

③如在校验过程中出现故障，学生应独立进行调试、排故。调试完毕，汇报老师检查打分。

④根据任务的完成情况，完成任务评价表和测试报告。

⑤对实施过程中出现的问题进行总结，找出对应问题的解决方法。

【任务评价】

任务评价如表 4 – 13 所示。

表 4 – 13 任务评价

序号	评价指标	评价内容	分值	学生自评	小组互评	教师点评
1	选用工具、仪表	工具、仪表少选或错选	5			
		电气元件选错型号和规格	5			
2	装前检查	电气元件漏检或错检	10			
3	原理图设计	绘制主电路、控制电路正确	5			
		电路连接规范正确	5			
4	安装布线	电气元件布置合理	10			
		电气元件安装整齐、走线合理	10			
		按原理图走线	20			
5	通电试车	一次性通电试车成功	10			
		独立进行调试、排除故障	10			
6	安全文明	工具与仪表使用正确	5			
		按要求穿戴工作服、绝缘鞋	5			
	总分		100			
问题记录和解决方法	记录任务实施中出现的问题和采取的解决方法					

【任务拓展】

试画出另外一种丫 – △降压启动控制电路，与我们所学的电路比较，哪种更优？

【子任务2】三相鼠笼式异步电动机丫 – △降压启动的 PLC 控制

【学习目标】

（1）理解辅助继电器 M 使用方法与工作原理。

（2）学会正确安装与调试丫 – △降压启动 PLC 控制电路。

【任务引入】

对于较大容量的交流电动机，启动时可以采用丫 – △降压启动。电动机开始启动时为星形连接，延时一定时间后，自动切换为三角形运行，Y - △降压启动用两个接触器切换完成，由 PLC 输出点控制。

【相关知识】

1. 辅助继电器 M

1）辅助继电器的概念

辅助继电器 M 是 PLC 中非常重要的中间编程元件之一，它不能直接接收外部的输入信号，也不能直接驱动外部负载，其作用相当于继电器控制电路中的中间继电器。辅助继电器常用来存储逻辑运算的中间结果，其线圈只能由内部指令驱动。在编程中，有无数个常开、常闭触头供使用。

2）辅助继电器分类

（1）通用辅助继电器。通用辅助继电器不具有断电保持功能，即在 PLC 运行时电源突然断电，通用辅助继电器的全部线圈均由 ON 变为 OFF 状态；当电源再次上电时，除了因外部输入信号而变为 ON 的状态以外，其余仍处于 OFF 状态。通用辅助继电器的元件编号：M0 ~ M499（共 500 点）。

（2）断电保持用辅助继电器。与通用辅助继电器不同的是，断电保持用辅助继电器具有断电保持功能，即它能记忆电源断电前的状态，系统再次上电后，它能重现其状态。断电保持用辅助继电器之所以能记忆电源断电之前的状态，是因为 PLC 的锂电池的供电保持了其映像寄存器的内容。断电保持用辅助继电器的元件编号：M500 ~ M3071（共 3 072 点）。

通用辅助继电器与断电保持用辅助继电器比对：试观察系统断电后，两种方案小灯点亮情况（X1 对应硬件按钮为点动按钮），如图 4 - 26 所示。

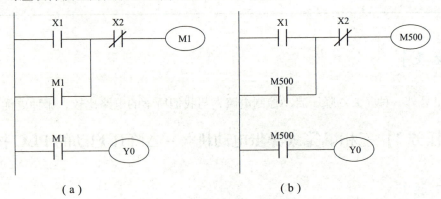

图 4 - 26　辅助继电器举例
(a) 方案一；(b) 方案二

方案一解析：当 PLC 上电运行后，接通 X1，M1 线圈得电并自锁，Y0 得电，小灯点亮；当系统突然断电，M1 线圈失电，小灯熄灭；系统再次上电，小灯不会点亮。

方案二解析：当 PLC 上电运行后，接通 X1，M500 线圈得电并自锁，Y0 得电，小灯点亮；当系统突然断电，M500 线圈失电，小灯熄灭；系统再次上电，小灯会点亮。

（3）特殊辅助继电器。PLC 中存在着大量的特殊辅助继电器，它们都有各自特定的功能；特殊辅助继电器通常分为触头型和线圈型两类，对于特殊的辅助继电器请读者查阅相关书籍、文献和手册。

【任务描述】

（1）当按下 SB1 按钮后，电动机 M 以 Y 形接法降压启动。

（2）5 s 后，电动机自动转接为△形接法全压运行。

（3）按下 SB7 按钮，电动机停止运行。

（4）使用热继电器 FR 作过载保护，若 FR 触头动作，电动机立即停止运转。

【任务分析】

要完成这个工作任务，首先要掌握时间控制的基本概念和 PLC 中定时器 T 的用法，定时器 T 在上个课题的学习中已经介绍过；其次是要掌握辅助继电器 M 的用法。

在程序设计过程中，应充分考虑由星形向三角形切换的时间，即当电动机从星形切换到三角形时，由 KM2 完全断开（包括灭弧时间）到 KM3 接通这段时间应锁定住，以防电源短路，此过程需用到辅助继电器 M。在完成任务的过程中要注意功能的合理性，具有充分的软件、硬件保护功能。

【任务实施】

（1）确定 PLC 输入/输出地址分配表。三相鼠笼式异步电动机 Y – △降压启动控制的PLC I/O 地址分配如表 4 – 14 所示。

表 4 – 14 I/O 地址分配

输入继电器	输入点	输出继电器	输出点
启动按钮 SB1	X0	电源接触器 KM1	Y4
停止按钮 SB7（常开）	X1	Y 接触器 KM2	Y5
过载保护	X2	△接触器 KM3	Y6

（2）绘制三相鼠笼式异步电动机 Y – △降压启动控制的主电路和 PLC I/O 控制电路的接线图，如图 4 – 27 所示。

从图 4 – 27 电动机 Y – △降压启动控制的主电路和 PLC 的 I/O 接线图可以看出，电动机由接触器 KM、KMY、KM△控制，其中，KMY 将电动机绕组连接成星形，KMY 将电动机绕组连接成三角形。KM△与 KMY 不能同时吸合，否则将产生电源短路。在程序设计过程中，应充分考虑由星形向三角形切换的时间，即当电动机从星形切换到三角形时，由 KMY 完全断开（包括灭弧时间）到 KM△接通这段时间应锁定住，以防电源短路。

在 PLC 的 I/O 接线中，由于在实际使用时 PLC 的执行速度快，而外部交流接触器动作速度慢，因此，在外电路必须考虑互锁，防止发生瞬间短路事故。

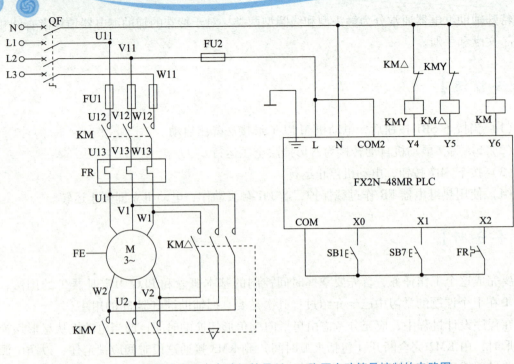

图 4 - 27　三相鼠笼式异步电动机符号 丫 - △降压启动符号控制的电路图

（3）编写梯形图的控制程序：根据三相鼠笼式异步电动机 丫 - △降压启动控制的要求，编写的控制程序梯形图如图 4 - 28 所示。

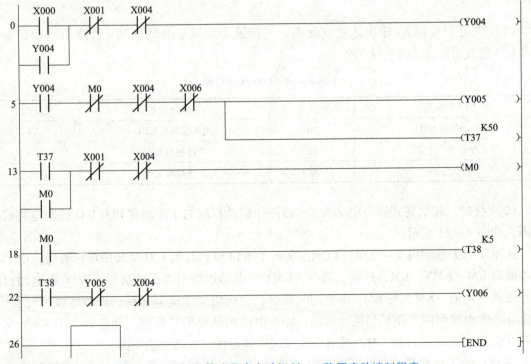

图 4 - 28　三相鼠笼式异步电动机 丫 - △降压启动控制程序

【任务评价】

任务评价如表 4 – 15 所示。

表 4 – 15　任务评价

序号	评价指标	评价内容	分值	学生自评	小组互评	教师点评
1	硬件设计	绘制主电路、控制电路正确	10			
		电路接线正确	10			
		PLC 输入、输出地址分配正确	10			
2	程序设计	启停控制正确	10			
		Y – △切换控制正确	20			
		程序输入、下载正确	10			
3	功能调试	程序检查、调试方法正确	10			
		程序标注明确、完整	10			
4	安全文明	工具与仪表使用正确	5			
		按要求穿戴工作服、绝缘鞋	5			
总分			100			
问题记录和解决方法	记录任务实施中出现的问题和采取的解决方法					

【任务拓展】

试编写具有开机复位、报警灯功能的电动机 Y – △控制程序。要求如下：

（1）电源接通后，首先将电动机接成星形连接，实现降压启动。然后经过延时，电动机从星形切换成三角形连接，此时电动机全压运行。

（2）在电动机从星形切换成三角形连接的过程中，为了保证主电路可靠工作，避免发生主电路短路故障，应有相应的联锁和延时保护环节。

（3）要在已经设计出的梯形图的基础上添加星形连接接触器动作确认功能、报警功能以及上电复位功能。（本次任务完成的同学可先行考虑）

任务四　三相异步电动机制动控制电路

【子任务1】单向启动反接制动控制电路的安装与调试

单向启动反接制动控制
线路的安装与调试

【任务目标】

（1）理解制动控制的工作原理以及速度继电器的使用方法。

（2）学会正确安装与调试单向启动反接制动控制电路。

【任务引入】

思考：电动机在脱离电源后，若不采取制动措施，能否立即停转？为什么？

电动机在断开电源以后，由于惯性不会马上停止转动，而是需要转动一段时间才会完全停下来。这种情况对于某些生产机械是不适宜的，如起重机的吊钩需要准确定位、万能铣床需要立即停转等。为了满足生产机械的这种要求就需要对电动机进行制动。

【相关知识】

1. 制动的概念

所谓的制动，就是给电动机一个与转动方向相反的转矩使它迅速停转（或限制其转速）。

2. 制动的分类

根据制动转矩产生方法的不同，可以分为机械制动和电气制动。

1）机械制动

机械制动是指利用机械装置使电动机断开电源后迅速停转的方法。机械制动常用的方法有电磁抱闸制动器制动和电磁离合器制动。

电磁抱闸制动器制动的工作原理如下：电动机启动时，电磁抱闸线圈同时通电，电磁铁吸合，使抱闸松开；电动机断电时，抱闸线圈同时断电，电磁铁释放，在弹簧作用下，抱闸把电动机转子紧紧抱住实现制动。起重机常用这种方法制动。

2）电气制动

电气制动是指电动机在切断电源停转的过程中，产生一个和电动机实际旋转方向相反的电磁力矩（制动力矩），迫使电动机迅速制动停转的方法。电气制动常用的方法有反接制动、能耗制动、电容制动、再生发电制动等。

3. 反接制动原理

在图 4 – 29（a）所示的电路中，当开关 QS 向上投合时，电动机定子绕组电源电压相序为 L1→L2→L3，电动机将沿旋转磁场方向以 $n < n_1$ 的转速正常运转。

当电动机需要停转时，拉下开关 QS，使电动机先脱离电源（此时转子由于惯性仍按原方向旋转）。随后，将开关 QS 迅速向下投合，由于 L1、L2 两相电源线对调，电动机定子绕组电源电压相序变为 L2→L1→L3，旋转磁场反转，此时转子将以 $n + n_1$ 的相对转速沿原转动方向切割旋转磁场，在转子绕组中产生感应电流，用右手定则判断出其方向，如图 4 – 29（a）所示。转子绕组一旦产生电流，又受到旋转磁场的作用产生电磁转矩，其方向可用左手定则判断出来，如图 4 – 29（b）所示。可见，此转矩方向与电动机转动方向相反，使电动机受制动迅速停转。

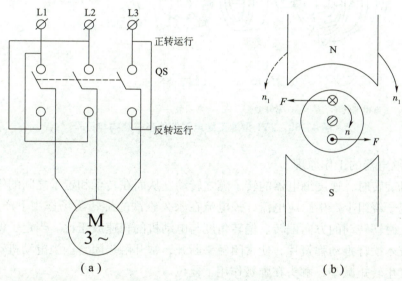

图 4 – 29　反接制动的原理图

可见，反接制动是依靠改变电动机定子绕组的电源相序来产生制动力矩，迫使电动机迅速停转的。

思考：反接制动使电动机停转后，若不及时断开开关 QS，将会出现什么现象？

当电动机转速值接近零时，应立即切断电动机电源，否则电动机将反转。为此，在反接制动设施中，为保证电动机的转速被制动到接近零值，能迅速切断电源，防止反向启动，常利用速度继电器来自动地切断电源。

4. 速度继电器

1）速度继电器的概念

速度继电器是反映转速和转向的继电器，其主要作用是以旋转速度的快慢为指令信号，与接触器配合实现对电动机反接制动控制，故又称为反接制动继电器。

2）速度继电器的结构和符号

JY1 型速度继电器的外形、结构和符号如图 4 – 30 所示，它主要由转子、定子和触头系统三个部分组成。转子是一个圆柱形永久磁铁，能绕轴转动且与被控电动机同轴。定子是一个笼形空心圆环，由硅钢片叠成并装有笼形绕组。触头系统由两组转换触头组成，分别在转子正转和反转时动作。

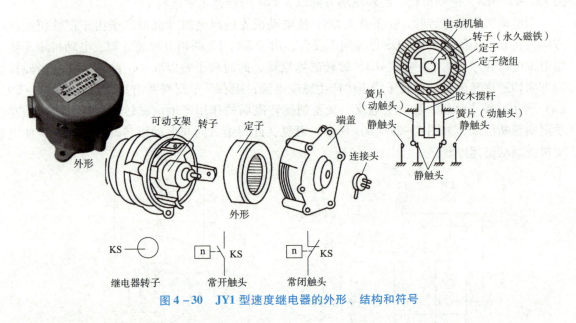

图4-30　JY1型速度继电器的外形、结构和符号

3）速度继电器的工作原理

当电动机旋转时，速度继电器的转子随之转动，从而在转子和定子之间的气隙中产生旋转磁场，在定子绕组上产生感应电流，该电流在永久磁铁的旋转磁场作用下产生电磁转矩，使定子随永久磁铁转动的方向偏转。偏转角度与电动机的转速成正比。当定子偏转到一定角度时，带动胶木摆杆推动弹簧片，使常闭触头断开，常开触头闭合。当电动机转速低于某一值时，定子产生转矩减小，触头在弹簧作用下复位。

一般速度继电器的触头动作转速为 120 r/min，触头复位转速在 100 r/min 以下。

5. 单向启动反接制动控制电路

单向启动反接制动控制电路如图4-31所示。

该电路的主电路和正反转控制电路的主电路相同，只是在反接制动时增加了三个限流电阻 R。电路中 KM1 为正转运行接触器，KM2 为反接制动接触器，KS 为速度继电器，其轴与电动机轴相连。

【任务要求】

控制一台三相异步电动机的单向启动，停止时采用反接制动，即在电动机停止时向定子绕组中通入反相序的电压，给转子一个反向转矩，使电动机产生一个相反方向旋转的力，使电动机转速迅速下降，当转速下降至接近零时将电源切除，以防电动机反向启动。为了减小冲击电流，反接制动时需要在电动机主电路中串联反接制动电阻，以限制反接制动电流。

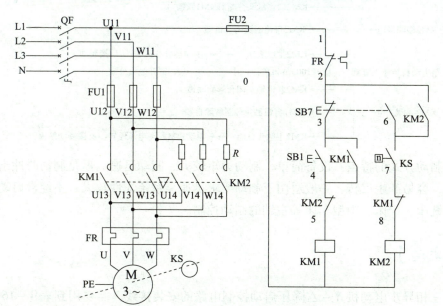

图 4 – 31 单向启动反接制动控制电路

【任务分析】

反接制动的控制要防止反转的产生，在设计控制电路时，一般都采用速度控制原则。电动机正常运转时，KM1 通电吸合，速度继电器 KS 常开触头闭合，为反接制动做准备。当按下停止按钮 SB7 时，电动机因惯性仍以很高的速度旋转，速度继电器 KS 常开触头仍保持闭合，SB7 常开触头闭合时，KM2 可以得电进入反接制动状态。当电动机转速迅速下降到接近 100 r/min 时，KS 常开触头复位，KM2 断电，电动机制动电源断电，反接制动结束。这样通过速度继电器的控制，防止了电动机反转的产生。

该电路的工作原理如下：接通电源，合上电源开关 QF。

单向启动：

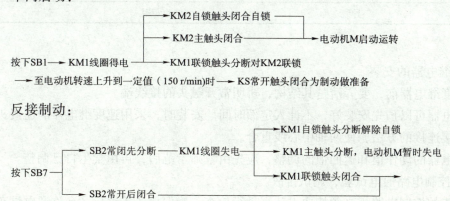

反接制动：

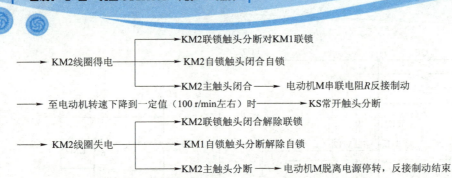

该种制动方式的特点：设备简单、制动力矩较大、制动迅速。但是制动时冲击强烈，准确度不高，容易产生反转。一般适用于制动要求迅速、系统惯性较大、不经常启动与制动的场合，如铣床、镗床、中型车床等主轴的制动控制。

【任务实施】

学习三相异步电动机 Y–△降压启动控制电路的安装接线，需要用到表4–16所列的工具、仪器和设备。

表4–16　Y–△降压启动控制电路所需工具、仪器和设备

序号	名称	型号规格	数量
1	亚龙 YL–158–G（三相交流可调电源）	0~420 V	1个
2	三相鼠笼式转子异步电动机	100 W	1台
3	交流接触器	5 A	2个
4	熔断器	5 A/2 A	2个
5	热继电器	1 A	1个
6	按钮	红/绿	3个
7	速度继电器	JK1 型	1个
8	电阻	R	3个
9	万用表	MF47 型或自选	1块
10	导线	试验专用	若干

实施步骤：

（1）速度继电器的安装。

①安装速度继电器前，要弄清楚其结构，辨明常开触头的接线端。

②速度继电器可以预先安装好，不计入定额时间。安装时，采用速度继电器的连接头与电动机转轴直接连接的方法，使两轴中心线重合。

③速度继电器的动作值和返回值的调整，应先由教师示范后，再由学生自己调整。

（2）电气控制电路通电试验，调试排故。

①安装完毕的控制电路板必须按要求认真进行检查，确保接线无误后才允许通电试车。

②经指导教师复查认可，具有教师在场监护的情况下才可以通电试验。

③通电试车时，若制动不正常，可以检查速度继电器是否符合规定要求，若需调节速度

继电器的调整螺钉时，必须切断电源，以防出现对地短路事故。调试完毕，汇报老师检查打分。

④根据任务的完成情况，完成任务评价表和测试报告。

⑤对实施过程中出现的问题进行总结，找出对应问题的解决方法。

【任务评价】

任务评价如表4-17所示。

表4-17 任务评价

序号	评价指标	评价内容	分值	学生自评	小组互评	教师点评
1	选用工具、仪表	工具仪表少选或错选	5			
2	装前检查	电气元件选错型号和规格	5			
		电气元件漏检或错检	10			
3	原理图设计	绘制主电路、控制电路正确	5			
		电路连接规范正确	5			
4	安装布线	电气元件布置合理	10			
		电气元件安装整齐、走线合理	10			
		速度继电器、电阻安装正确	20			
5	通电试车	通电试车制动效果明显	10			
		独立进行调试，排除故障	10			
6	安全文明	工具与仪表使用正确	5			
		按要求穿戴工作服、绝缘鞋	5			
	总分		100			
问题记录和解决方法	记录任务实施中出现的问题和采取的解决方法					

【任务拓展】

在已安装好的控制板上，能否加装一只中间继电器 KA（型号 JZ7-44，额定电流 5 A，吸引线圈电压 380 V），使之改装成如图 4-32 所示的电路。试叙述其工作原理。

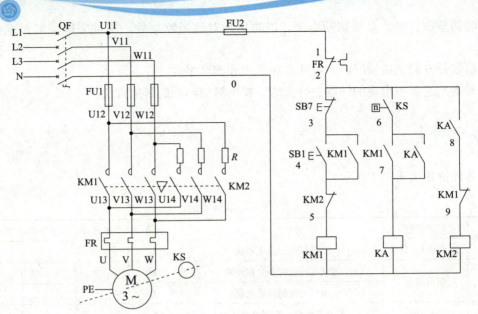

图 4 - 32　单向启动反接制动电路

【子任务2】三相异步电动机单向反接制动的 PLC 控制

【学习目标】

（1）理解辅助继电器（M）使用方法与工作原理。

（2）学会正确安装与调试单向启动反接制动的 PLC 控制电路。

【任务引入】

控制一台三相异步电动机的单向启动，停止时采用反接制动，即在电动机停止时向定子绕组中通入反相序的电压，给转子一个反向转矩，使电动机产生一个相反方向旋转的力，使电动机转速迅速下降，当转速下降至接近零时将电源切除，以防电动机反向启动。为了减小冲击电流，反接制动时需要在电动机主电路中串联反接制动电阻，以限制反接制动电流。

【任务描述】

按下启动按钮 SB1，电动机单向启动，当转速达到 1 500 r/min 时，电动机反接制动停止；按下停止按钮 SB7，电动机停止。

【任务分析】

要完成这个工作任务，在设计控制电路时，仍采用速度控制原则。电动机正常运转时，

114

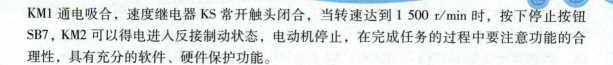

KM1 通电吸合，速度继电器 KS 常开触头闭合，当转速达到 1 500 r/min 时，按下停止按钮 SB7，KM2 可以得电进入反接制动状态，电动机停止，在完成任务的过程中要注意功能的合理性，具有充分的软件、硬件保护功能。

【任务实施】

（1）确定三相异步电动机单向反接制动的 PLC 输入/输出地址分配表，如表 4 – 18 所示。

表 4 – 18　电动机单向反接制动控制的 PLC I/O 地址分配表

输入继电器	输入点	输出继电器	输出点
启动按钮 SB1	X0	启动接触器 KM1	Y4
停止按钮 SB7（常开）	X1	制动接触器 KM2	Y5
过载保护	X4	—	—

（2）绘制三相异步电动机单向反接制动控制的主电路和 PLC I/O 控制电路的接线图，如图 4 – 33 所示。

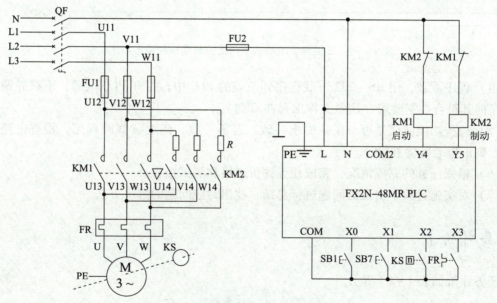

图 4 – 33　三相异步电动机单向反接制动电路

从图 4 – 33 三相异步电动机单向反接制动控制的主电路和 PLC 的 I/O 接线图可以看出，电动机由接触器 KM1、KM2 控制。在 PLC 的 I/O 接线中，由于在实际使用时 PLC 的执行速度快，而外部交流接触器动作速度慢，因此，在外电路必须考虑互锁，防止发生瞬间短路事故。

控制原理：启动时，按下启动按钮 SB1，X0 闭合，Y4 得电自锁，接触器 KM1 得电，电动机启动。当转速达到 120 r/min 时，速度继电器 KS 常开触头闭合，X2 常开触头闭合，为反接制动做好准备。按下停止按钮 SB7，SB7 常闭触头断开，X1 常开触头断开，Y4 失电。KM1 线圈断电，电动机脱离电源。X1 常闭触头闭合，由于此时电动机的惯性，转速还很高，KS 的常开触头依然处于闭合状态，X2 常开触头闭合，Y5 线圈得电自锁，KM2 线圈通电，其主触头闭合，使电动机定子绕组得到与正常运转相序相反的三相交流电源，电动机进入反接制动状态，转速迅速下降。当电动机转速接近于零时，速度继电器 KS 常开触头复位，X2 常开触头断开，Y5 线圈失电，KM2 接触器线圈电路被切断，反接制动结束。

（3）编写梯形图的控制程序：根据三相异步电动机单向反接制动控制的要求，编写的控制程序梯形图如图 4-34 所示。

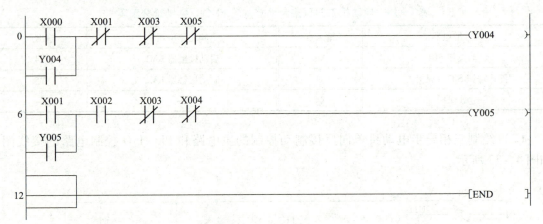

图 4-34　三相异步电动机单向反接制动控制参考程序

（4）程序下载，用 RS-232 下载程序到三菱的 PLC 中。打开 PLC 电源，下载并调试参考程序使其符合控制要求（注意文件保存在 G 盘）。

（5）检查功能调试是否与任务要求一致。若不一致，则继续修改程序，检查电路；若一致，则汇报老师检查打分。

（6）根据任务的完成情况，完成任务评价表格和测试报告。

（7）对实施过程中出现的问题进行总结，找出对应问题的解决方法。

【任务评价】

任务评价如表 4-19 所示。

表 4-19　任务评价

序号	评价指标	评价内容	分值	学生自评	小组互评	教师点评
1	硬件设计	绘制主电路、控制电路正确	10			
		电路接线正确	10			
		PLC 输入、输出地址分配正确	10			
2	程序设计	启停控制正确	10			
		制动效果明显	20			
		程序输入、下载正确	10			

续表

序号	评价指标	评价内容	分值	学生自评	小组互评	教师点评
3	功能调试	程序检查、调试方法正确	10			
		程序标注明确、完整	10			
4	安全文明	工具与仪表使用正确	5			
		按要求穿戴工作服、绝缘鞋	5			
		总分	100			
问题记录和解决方法		记录任务实施中出现的问题和采取的解决方法				

【任务拓展】

试编写三相异步电动机可逆反接制动的程序并绘制三相异步电动机可逆反接制动的电路图。(本次任务完成的同学可先行考虑)

控制要求如下:三相异步电动机可逆反接制动是指电动机可以正反转,当停止时,接入反相序的三相节流电源,使电动机产生反接制动力,使电动机转速迅速下降;当电动机速度接近于零时,用速度继电器切断电源,使电动机迅速停止。

【子任务3】单向启动能耗制动控制电路的安装与调试

【学习目标】

单向启动能耗制动控制
线路的安装与调试

(1)理解能耗制动控制电路的工作原理以及整流器的组成。
(2)学会正确安装与调试单向启动能耗制动控制电路。

【任务引入】

分析如图4-35所示的能耗制动的原理图,它是怎样实现制动的?与反接制动有什么不同?

【相关知识】

1. 能耗制动原理

在图 4-35（a）所示的电路中，断开开关 QS1，切断电动机的交流电源后，这时转子仍沿原方向惯性运转；随后立即合上开关 QS2，并将 QS1 向下投合，电动机 V、W 两相定子绕组通入直流电，使定子中产生一个恒定的静止磁场，这样做惯性运转的转子因切割磁力线而在转子绕组中产生感应电流，其方向用右手定则判断，如图 4-35（b）所示。转子绕组中一旦产生感应电流，又立即受到静止磁场的作用产生电磁转矩，用左手定则判断可知，此转矩的方向正好与电动机转向相反，使电动机受制动迅速停转。

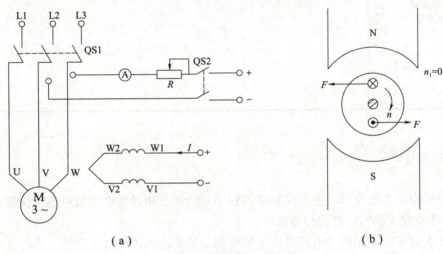

（a）   （b）

图 4-35　能耗制动原理图

由以上分析可知，这种制动方法是在电动机切断交流电源后，通过立即在定子绕组的任意两相中通入直流电，以消耗转子惯性运转的动能来进行制动的，所以称为能耗制动，又称为动能制动。

2. 制动电阻

几种常见的制动电阻如图 4-36 所示。

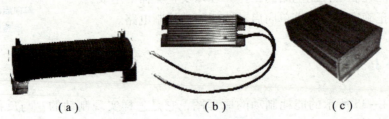

（a）   （b）   （c）

图 4-36　几种常见的制动电阻
(a) 绕线电阻；(b) 铅壳电阻；(c) 制动电阻箱

一般采用以下方法估算能耗制动所需的制动电阻，其具体步骤如下：

（1）先测量出电动机任意两根进线之间的电阻 R_0（Ω）。

（2）再测出电动机带着传动装置运转的空载电流 I_0（A）。

（3）计算出能耗制动所需的直流电流 $I_Z = KI_0$（A），K 一般取值为 $3.5 \sim 4$。

（4）求制动电阻的电阻值

$$R = \frac{220 \times 0.45}{I_Z} - R_0 \quad (\Omega)$$

（5）求制动电阻的功率

$$P_R = I_Z^2 R \quad (W)$$

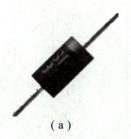

（a）　　　　　　　　　（b）

图 4 – 37　整流器的示意图

（a）整流二极管；（b）硅整流器

3. 整流器（图 4 – 37）

整流二极管可用锗或硅半导体材料制造。硅整流二极管的击穿电压高，反向电流小，高温性能良好。

整流二极管主要用于各种低频整流电路，单向半波整流电路和波形图，如图 4 – 38 所示。

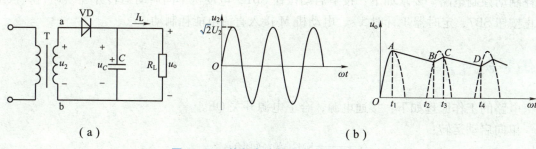

（a）　　　　　　　　　（b）

图 4 – 38　单向半波整流电路和波形图

（a）电路图；（b）波形图

一般采用以下方法估算能耗制动所需的整流二极管，其具体步骤如下：

（1）整流二极管的额定电压应大于反向峰值电压。

反向峰值电压为

$$U_{RM} = \sqrt{2}U_2 = 1.414 \times 220 = 311 \quad (V)$$

整流二极管的额定电压选用 400 V。

（2）整流二极管的额定电流应大于 $1.25I_Z$。

4. 单向启动能耗制动控制电路（图 4-39）

该电路采用单相半波整流器作为直流电源，用按钮、接触器、时间继电器等元件控制电动机，所用附加设备较少、电路简单、成本低，常用于 10 kW 以下的小容量电动机，且对制动要求不高的场合。

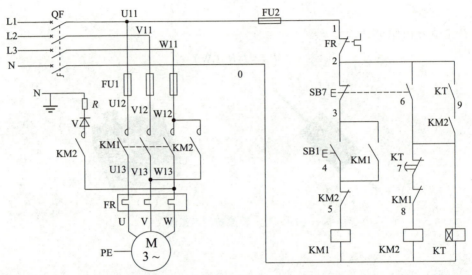

图 4-39　单向启动能耗制动控制电路

【任务描述】

本任务主要学习制动电阻和整流器的识别及检测，并能够正确安装与调试单相半波整流能耗制动控制电路。要求如下：按下启动按钮 SB1，电动机单向启动运转并连续运行；按下停止按钮 SB7，定时器 T 计时 5 s，电动机 M 接入直流电能耗制动。

【任务分析】

电路的工作原理如下：接通电源，合上电源开关 QF。
单向启动运转：

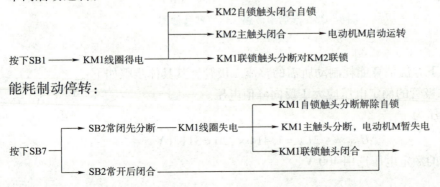

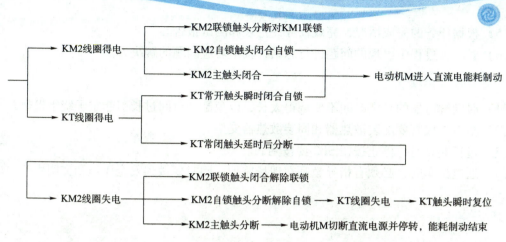

思考：分析一下，图 4-39 中 KT 瞬时闭合常开触头的作用是什么？

图 4-39 中 KT 瞬时闭合常开触头的作用是：当 KT 出现线圈断线或机械卡住等故障时，按下 SB2 后能使电动机制动后脱离直流电源。

【任务实施】

学习单向启动能耗制动控制电路的安装接线，需要用到表 4-20 所列的工具、仪器和设备。

表 4-20　单向启动能耗制动控制电路所需工具、仪器和设备

序号	名称	型号规格	数量
1	亚龙 YL-158-G（三相交流可调电源）	0~420 V	1个
2	三相鼠笼式异步电动机	100 W	1台
3	交流接触器	5 A	2个
4	熔断器	5 A/2 A	2个
5	热继电器	JR36-20/3	1个
6	按钮	红/绿	3个
7	整流二极管	2CZ30	1个
8	制动电阻	0.5 Ω，50 W	1个
9	万用表	MF47 型或自选	1块
10	导线	试验专用	若干

1. 电气控制电路安装、通电调试步骤

（1）整流二极管、制动电阻已在 YL-158-G 设备上安装好，按照原理图接线。

（2）安装完毕的控制电路板，必须按要求认真进行检查，确保接线无误后才允许通电试车。

（3）经指导教师复查认可，具有教师在场监护的情况下才可以通电试验。

（4）通电试车时，若制动不正常，可以检查整流二极管接线是否正确，是否符合规定要求，调试完毕，汇报老师检查打分。

（5）根据任务的完成情况，完成任务评价表和测试报告。

（6）对实施过程中出现的问题进行总结，找出对应问题的解决方法。

2. 安装注意事项

（1）时间继电器的整定时间不要调得太长，以免制动时间过长引起定子绕组发热。

（2）整流二极管要配装散热器和固装散热器支架。

（3）进行制动时，停止按钮 SB2 要按到底。

（4）通电试车时，必须有指导教师在现场监护，同时要做到安全操作和文明生产。

【任务评价】

任务评价如表 4 – 21 所示。

表 4 – 21　任务评价

序号	评价指标	评价内容	分值	学生自评	小组互评	教师点评
1	选用工具、仪表	工具仪表少选或错选	5			
		电气元件选错型号和规格	5			
2	装前检查	电气元件漏检或错检	10			
3	原理图设计	绘制主电路、控制电路正确	5			
		电路连接规范正确	5			
4	安装布线	电气元件布置合理	10			
		电气元件安装整齐、走线合理	10			
		整流二极管、电阻安装正确	20			
5	通电试车	通电试车制动效果明显	10			
		独立进行调试，排除故障	10			
6	安全文明	工具与仪表使用正确	5			
		按要求穿戴工作服、绝缘鞋	5			
	总分		100			
问题记录和解决方法	记录任务实施中出现的问题和采取的解决方法					

【任务拓展】

在图 4-39 所示的单向启动能耗制动电路中，当按下停止按钮接触器 KM2 吸合，电动机不能制动，试分析可能的故障原因？

【子任务 4】三相异步电动机单向能耗制动的 PLC 控制

【学习目标】

（1）理解单向能耗制动的工作原理。
（2）学会正确安装与调试单向启动能耗制动的 PLC 控制电路。

【任务引入】

按下启动按钮 SB1，电动机单向启动，定时 10 s 之后按下停止按钮 SB7，电动机能耗制动停止。

【任务分析】

要完成这个工作任务，在完成任务的过程中要注意功能的合理性，具有充分的软件、硬件保护功能。

【任务实施】

（1）确定三相异步电动机单向能耗制动的 PLC I/O 地址分配如表 4-22 所示。

表 4-22　电动机单向能耗制动的 PLC I/O 地址分配

输入继电器	输入点	输出继电器	输出点
启动按钮 SB1	X0	启动接触器 KM1	Y4
停止按钮 SB7（常开）	X1	制动接触器 KM2	Y5
过载保护	X2	—	—

（2）绘制三相异步电动机单向能耗制动的电路图，如图 4-40 所示。
控制原理：合上 QF。
1）启动时，按下 SB1，接通 X0，Y4 得电，KM1 启动线圈得电吸合，KM1 主触点闭合，电动机得电运转。同时 KM1 联锁触点分断，使得 KM2 不得电。
2）停止工作时，按下 SB7，接通 X1，Y5 得电，KM2 制动线圈得电。KM2 联锁触点分断，使得 KM1 线圈失电，KM1 主触点断开使得电动机停止运转。与此同时，KM2 主触点闭

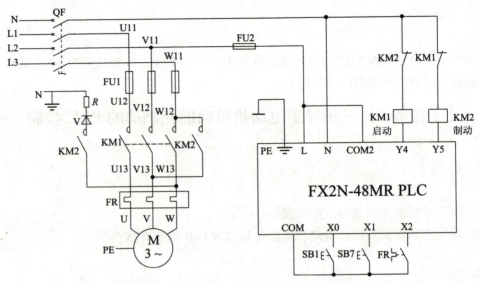

图4-40　三相异步电动机单向能耗制动电路

合，接通变压器整流电路，使得直流电源加至电动机线圈上，使电动机线圈产生一个磁极固定的、恒定的磁场，利用磁极间的相互作用使电动机快速停转。

（3）编写梯形图的控制程序：根据三相异步电动机单向能耗制动的要求，编写的控制程序梯形图如图4-41所示。

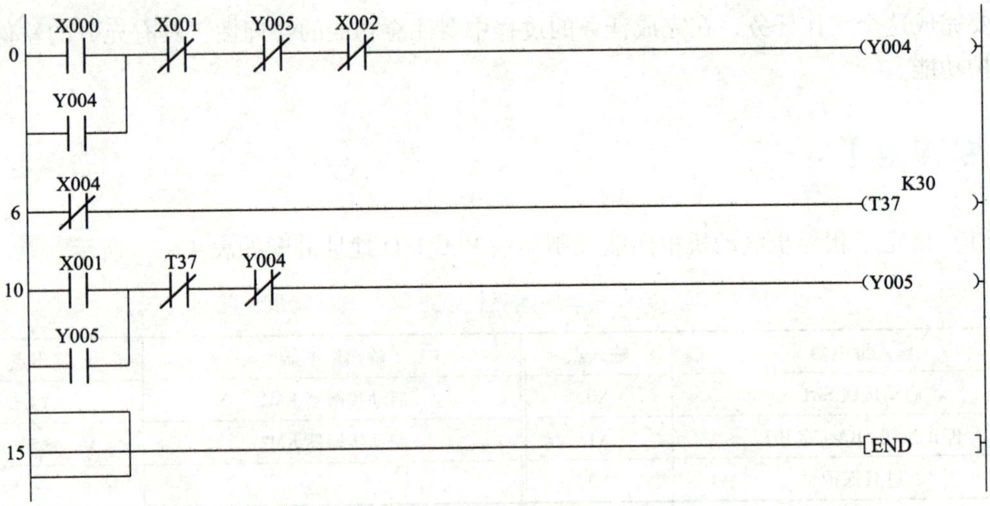

图4-41　三相异步电动机单向能耗制动参考程序

（4）功能调试。

①按三相异步电动机单向反接制动的电路图将电路接好，并用万用表检测电路是否正确。

②程序下载。用RS-232下载程序到三菱的PLC中。打开PLC电源，下载并调试参考程序使其符合控制要求（注意文件保存在G盘）。

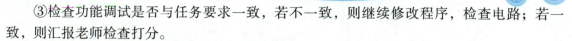

③检查功能调试是否与任务要求一致，若不一致，则继续修改程序，检查电路；若一致，则汇报老师检查打分。

④根据任务的完成情况，完成任务评价表和测试报告。

⑤对实施过程中出现的问题进行总结，找出对应问题的解决方法。

【任务评价】

任务评价如表4－23所示。

表4－23　任务评价

序号	评价指标	评价内容	分值	学生自评	小组互评	教师点评
1	硬件设计	绘制主电路、控制电路正确	10			
		电路接线正确	10			
		PLC输入、输出地址分配正确	10			
2	程序设计	启停控制正确	10			
		制动效果明显	20			
		程序输入、下载正确	10			
3	功能调试	程序检查、调试方法正确	10			
		程序标注明确、完整	10			
4	安全文明	工具与仪表使用正确	5			
		按要求穿戴工作服、绝缘鞋	5			
		总分	100			
问题记录和解决方法		记录任务实施中出现的问题和采取的解决方法				

【任务拓展】

试编写三相异步电动机可逆反接制动的程序并设计三相异步电动机可逆反接制动的电路图。（本次任务完成的同学可先行考虑）

控制要求如下：三相异步电动机可逆反接制动是指电动机可以正反转，当停止时，接入反相序的三相节流电源，使电动机产生反接制动力，使电动机转速迅速下降；当电动机速度接近于零时，用速度继电器切断电源，使电动机迅速停止。

任务五　变频调速控制

【子任务1】变频器功能参数设置和操作试验

【学习目标】

（1）理解变频器的调速原理。

（2）学会变频器面板参数的设置方法。

【任务引入】

现代工业生产中，在不同的生产场合下要求生产机械采用不同的速度进行工作，以保证生产机械合理运行，提高产品的质量。改变生产机械的工作速度就是调速。调速的方法主要有两种，一是采用机械方法调速（通过人为地改变机械传动装置的传动比来达到调速的目的）；二是采用电气的方法进行调速（通过改变电动机的机械特性来达到调速的目的）。电动机分为直流电动机和交流电动机两大类，所以调速系统也分为直流调速系统和交流调速系统，而交流调速系统与直流调速系统（解决不了直流电动机本身的换向器换向问题和在恶劣环境下不适用的问题）相比，因其具备宽调速范围，高稳态精度，快速动态响应，高工作效率以及环境适应性强等优点而广泛应用。

【任务描述】

要求学生能够掌握 FR – E740 变频器操作面板操作，如变更参数的基本设置、变频器运行模式的设置与参数清空等基本设置。

【相关知识】

1. 变频器概念及其调速原理

1）变频器概念

对交流电动机实现变频调速的变频电源装置叫变频器。其功能是将电网提供的恒压恒频（CVCF）交流电变换为变压变频（VVVF）交流电，变频伴随变压，对交流电动机实现无级调速。

2）变频器调速原理

三相异步电动机的调速是根据下述公式进行的：

$$n = \frac{60f}{p}(1-s)$$

式中　　n——电动机的转速；

　　　　f——电源频率，我国的电网频率为 50 Hz；

　　　　p——电动机的极数；

　　　　s——转差率。

由此可以归纳出交流异步电动机的三类调速方法：变极数 p 的调速、变转差率 s 的调速以及改变电源频率 f 的调速。从转速表达式可知，只要均匀改变电动机电源的频率 f，就可以平滑地改变电动机的同步转速，从而实现电动机的无级调速，这就是变频调速的基本原理。

2. 变频器的基本结构与分类

1）变频器基本结构

变频器分为交 – 交和交 – 直 – 交两种形式。交 – 交变频器可将工频交流电直接变换成频率、电压均可控制的交流电，又称直接式变频器。而交 – 直 – 交变频器则是先把工频交流电通过整流器变成直流电，然后把直流电变换成频率、电压均可控制的交流电，它又称为间接式变频器。我们主要研究交 – 直 – 交变频器（以下简称变频器）。

变频器的基本结构如图 4 – 42 所示，由主电路（包括整流器中间直流环节逆变器）和控制电路组成，分述如下：

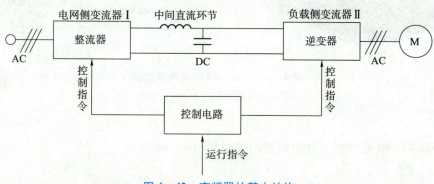

图 4 – 42　变频器的基本结构

（1）整流器电网侧变流器 I 是整流器，它的作用是把三相（也可以是单相）交流电整流成直流电。

（2）负载侧变流器 II 为逆变器最常见的结构形式，是利用六个半导体主开关器件组成的三相桥式逆变电路。有规律地控制逆变器中主开关器件的通与断，可以得到任意频率的三相交流电输出。

（3）中间直流环节由于逆变器的负载为异步电动机，属于感性负载。无论电动机处于点动状态还是发电制动状态，其功率因数总不会为 1。因此，在中间直流环节和电动机之间总会有无功功率的交换。这种无功能量要靠中间直流环节的储能元件（电容器或电抗器）来缓冲，所以又称为中间直流环节。

（4）控制电路通常由运算电路、检测电路、控制信号的输入/输出电路和驱动电路等部分构成。其主要任务是完成对逆变器的开关控制，对整流器的电压控制以及完成各种保护功能等。

2）变频器的分类

变频器的分类方法有许多种，按主电路的工作方式分为电压型变频器和电流型变频器；按变换环节分为两类：交－直－交变频器和交－交变频器；按工作原理分为 *V/f* 控制变频器、转差率控制变频器和矢量控制变频器；按用途可分为通用变频器、高性能专用变频器和高频变频器。

3. 三菱 FR－E740 变频器的接线

在使用三菱 PLC 的 YL－158－G 设备时，变频器选用三菱 FR－E740 系列变频器中的 FR－E740－0.75K－CHT 型变频器，该变频器额定电压等级为三相 400 V，适用电动机容量 0.75 kW 及以下的电动机。FR－E740 系列变频器的外观和型号的定义如图 4－43 所示。

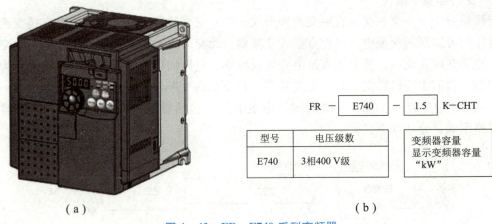

（a）　　　　　　　　　　　　　　　（b）

图 4－43　FR－E740 系列变频器

（a）FR－E740 变频器外观；（b）变频器型号的定义

（1）FR－E740 变频器主电路的通用接线如图 4－44 所示。

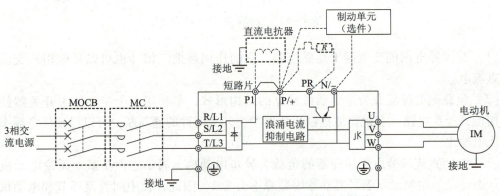

图 4－44　FR－E740 变频器主电路的通用接线

图 4－44 中有关说明如下：

①端子 P1、P/＋之间用以连接直流电抗器，不需连接时，两端子间短路。

②P/＋与 PR 之间用以连接制动电阻器，P/＋与 N/－之间用以连接制动单元选件。YL－158－G 设备均未使用，故用虚线画出。

③交流接触器 MC 用作变频器安全保护的目的，注意不要通过此交流接触器来启动或停止变频器，否则可能降低变频器寿命。在 YL－158－G 设备中，没有使用这个交流接触器。

④进行主电路接线时，应确保输入/输出端不能接错，即电源线必须连接至 R/L1、S/L2、T/L3，绝对不能接 U、V、W，否则会损坏变频器。

（2）FR－E740 变频器控制电路的接线如图 4－45 所示。

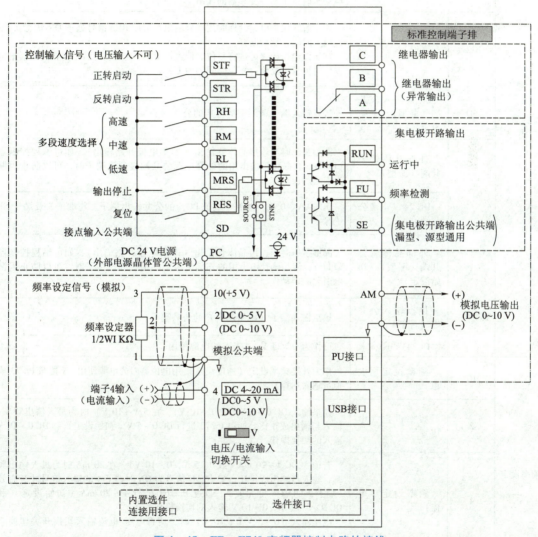

图 4－45 FR－E740 变频器控制电路的接线

图 4－45 中，控制电路端子分为控制输入、频率设定（模拟量输入）、继电器输出（异常输出）、集电极开路输出（状态检测）和模拟电压输出五个部分，各端子的功能可通过调整相关参数的值进行变更，在出厂初始值的情况下，各控制电路端子的功能说明如表4－24、表4－25 和表4－26 所示。

表 4 – 24 各控制电路端子的功能说明

种类	端子编号	端子名称	端子功能说明	
接点输入	STF	正转启动	STF 信号 ON 时为正转、OFF 时为停止指令	STF、STR 信号同时 ON 时变成停止指令
	STR	反转启动	STR 信号 ON 时为反转、OFF 时为停止指令	
	RH RM RL	多段速度选择	用 RH、RM 和 RL 信号的组合可以选择多段速度	
	MRS	输出停止	MRS 信号 ON（20 ms 或以上）时，变频器输出停止。用电磁制动器停止电动机时用于断开变频器的输出	
	RES	复位	用于解除保护电路动作时的报警输出。请使 RES 信号处于 ON 状态 0.1 s 或以上时间，然后断开。 初始设定为始终可进行复位。但进行了 Pr.75 的设定后，仅在变频器报警发生时可进行复位，复位时间约为 1 s	
	SD	接点输入公共端（漏型）（初始设定）	接点输入端子（漏型逻辑）的公共端子	
	PC	外部晶体管公共端（源型）	源型逻辑时当连接晶体管输出（即集电极开路输出），如可编程控制器（PLC），将晶体管输出用的外部电源公共端接到该端子时，可以防止因漏电引起的误动作	
		DC 24 V 电源公共端	DC 24 V、0.1 A 电源（端子 PC）的公共输出端子。与端子 5 及端子 SE 绝缘	
		外部晶体管公共端（漏型）（初始设定）	漏型逻辑时当连接晶体管输出（即集电极开路输出），如可编程控制器（PLC），将晶体管输出用的外部电源公共端接到该端子时，可以防止因漏电引起的误动作	
		接点输入公共端（源型）	接点输入端子（源型逻辑）的公共端子	
		DC24V 电源	可作为 DC 24 V、0.1 A 的电源使用	
频率设定	10	频率设定用电源	作为外接频率设定（速度设定）用电位器时的电源使用。（按照 Pr.73 模拟量输入选择）	
	2	频率设定（电压）	如果输入 DC 0～5 V（或 0～10 V），在 5 V（10 V）时为最大输出频率，输入与输出成正比。通过 Pr.73 进行 DC 0～5 V（初始设定）和 DC 0～10 V 输入的切换操作	
	4	频率设定（电流）	若输入 DC 4～20 mA（或 0～5 V，0～10 V），在 20 mA 时为最大输出频率，输入与输出成正比。只有 AU 信号为 ON 时端子 4 的输入信号才会有效（端子 2 的输入将无效）。通过 Pr.267 进行 4～20 mA（初始设定）和 DC 0～5 V、DC 0～10 V 输入的切换操作。 电压输入（0～5 V/0～10 V）时，请将电压/电流输入切换开关切换至 "V"	
	5	频率设定公共端	频率设定信号（端子 2 或 4）及端子 AM 的公共端子，请勿接大地	

表 4 – 25　控制电路端子的功能说明

种类	端子记号	端子名称	端子功能说明	
继电器	A、B、C	继电器输出（异常输出）	指示变频器因保护功能动作时输出停止的 1c 接点输出。异常时：B – C 间不导通（A – C 间导通），正常时：B – C 间导通（A – C 间不导通）	
集电极开路	RUN	变频器正在运行	变频器输出频率大于或等于启动频率（初始值 0.5 Hz）时为低电平，已停止或正在直流制动时为高电平	
	FU	频率检测	输出频率大于或等于任意设定的检测频率时为低电平，未达到时为高电平	
	SE	集电极开路输出公共端	端子 RUN、FU 的公共端子	
模拟	AM	模拟电压输出	可以从多种监示项目中选一种作为输出。变频器复位中不被输出。输出信号与监示项目的大小成比例	输出项目：输出频率（初始设定）

表 4 – 26　控制电路网络接口的功能说明

种类	端子记号	端子名称	端子功能说明
RS – 485	—	PU 接口	通过 PU 接口，可进行 RS – 485 通信。标准规格：EIA – 485（RS – 485）；传输方式：多站点通信；通信速率：4 800 ~ 38 400 b/s；总长距离：500 m
USB	—	USB 接口	与个人计算机通过 USB 连接后，可以实现 FR Configurator 的操作。接口：USB1.1 标准；传输速度：12 Mb/s；连接器：USB 迷你 – B 连接器（插座：迷你 – B 型）

4. 三菱 FR – E740 变频器的操作面板

使用变频器之前，首先要熟悉它的面板显示和键盘操作单元（或称控制单元），并且按使用现场的要求合理设置参数。FR – E740 系列变频器的参数设置，通常利用固定在其上的操作面板（不能拆下）实现，也可以使用连接到变频器 PU 接口的参数单元（FR – PU07）实现。使用操作面板可以进行运行方式、频率的设定、运行指令监视、参数设定、错误表示等。操作面板如图 4 – 46 所示，其上半部为面板显示器，下半部为 M 旋钮和各种按键。它们的具体功能分别如表 4 – 27 和表 4 – 28 所示。

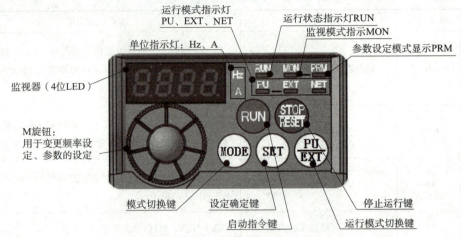

图 4-46　FR-E740 的操作面板

表 4-27　M 旋钮、按键功能

旋钮和按键	功能
M 旋钮（三菱变频器旋钮）	旋动该旋钮用于变更频率设定、参数的设定。按下该旋钮可显示以下内容： 监视模式时的设定频率； 校正时的当前设定值； 报警历史模式时的顺序
模式切换键 MODE	用于切换各设定模式。和运行模式切换键同时按下也可以用来切换运行模式。长按此键（2 s）可以锁定操作
设定确定键 SET	各设定的确定。 此外，当运行中按此键则监视器出现以下显示： 运行频率 → 输出电流 → 输出电压
运行模式切换键 PU/EXT	用于切换 PU/外部运行模式。 使用外部运行模式（通过另接的频率设定电位器和启动信号启动的运行）时请按此键，使表示运行模式的 EXT 处于亮灯状态。 切换至组合模式时，可同时按 MODE 键 0.5 s 或者变更参数 Pr.79
启动指令键 RUN	在 PU 模式下，按此键启动运行。 通过 Pr.40 的设定，可以选择旋转方向
停止运行键 STOP/RESET	在 PU 模式下，按此键停止运转。 保护功能（严重故障）生效时，也可以进行报警复位

表 4 – 28　行状态显示

显示	功能
运行模式显示	PU：PU 运行模式时亮灯； EXT：外部运行模式时亮灯； NET：网络运行模式时亮灯
监视器（4 位 LED）	显示频率、参数编号等
监视数据单位显示	Hz：显示频率时亮灯；A：显示电流时亮灯。 （显示电压时熄灯，显示设定频率监视时闪烁）
运行状态显示 RUN	当变频器动作中亮灯或者闪烁，其中： 亮灯——正转运行中； 缓慢闪烁（1.4 s 循环）——反转运行中； 下列情况下出现快速闪烁（0.2 s 循环）： 按键或输入启动指令都无法运行时； 有启动指令，但频率指令在启动频率以下时； 输入了 MRS 信号时
参数设定模式显示 PRM	参数设定模式时亮灯
监视器显示 MON	监视模式时亮灯

5. 三菱 FR – E740 变频器运行模式

由表 4 – 27 和表 4 – 28 可见，在变频器不同的运行模式下，各种按键、M 旋钮的功能各异。所谓运行模式是指对输入变频器的启动指令和设定频率的命令来源的指定。

一般来说，使用控制电路端子、在外部设置电位器和开关来进行操作的是"外部运行模式"；使用操作面板或参数单元输入启动指令、设定频率的是"PU 运行模式"；通过 PU 接口进行 RS – 485 通信或使用通信选件的是"网络运行模式（NET 运行模式）"。在进行变频器操作以前，必须了解其各种运行模式，才能进行各项操作。

FR – E740 变频器通过参数 Pr.79 的值来指定变频器的运行模式，设定值范围为 0、1、2、3、4、6、7，这 7 种运行模式的内容以及相关 LED 指示灯的状态如表 4 – 29 所示。

表 4 – 29　运行模式选择（Pr.79）

设定值	内容	LED 显示状态（▬：灭灯　▭：亮灯）
0	外部/PU 切换模式，通过 PU/EXT 键可切换 PU 与外部运行模式。 注意：接通电源时为外部运行模式	外部运行模式：　PU 运行模式： EXT　　　　　PU
1	固定为 PU 运行模式	PU
2	固定为外部运行模式可以在外部、网络运行模式间切换运行	外部运行模式：　网络运行模式： EXT　　　　　NET

续表

设定值	内容		LED 显示状态（ ▬ ：灭灯 ▭ ：亮灯）
3	外部/PU 组合运行模式 1		
	频率指令	启动指令	
	用操作面板设定或用参数单元设定，或外部信号输入［多段速设定，端子 4 ~ 5 间（AU 信号 ON 时有效）］	外部信号输入（端子 STF、STR）	PU EXT
4	外部/PU 组合运行模式 2		
	频率指令	启动指令	
	外部信号输入（端子 2、4、JOG、多段速选择等）	通过操作面板的 RUN 键或通过参数单元的 FWD、REV 键来输入	
6	切换模式 可以在保持运行状态的同时，进行 PU 运行、外部运行、网络运行的切换		PU 运行模式：PU 外部运行模式：EXT 网络运行模式：NET
7	外部运行模式（PU 运行互锁） X12 信号 ON 时，可切换到 PU 运行模式（外部运行中输出停止） X12 信号 OFF 时，禁止切换到 PU 运行模式		PU 运行模式：PU 外部运行模式：EXT

【任务分析】

下面就来完成变频器运行模式变更、变频器参数变更、变频器参数清除的训练。

【任务实施】

1. 变频器运行模式变更

变频器出厂时，参数 Pr.79 设定值为 0。当停止运行时用户可以根据实际需要修改其设定值。修改 Pr.79 设定值的一种方法是：按 MODE 键使变频器进入参数设定模式；旋动 M 旋钮，选择参数 Pr.79，用 SET 键确定；然后再旋动 M 旋钮选择合适的设定值，用 SET 键确定；按两次 MODE 键后，变频器的运行模式将变更为设定模式。

图 4 – 47 所示为设定参数 Pr.79 的一个例子。这个例子把变频器从固定外部运行模式变更为组合运行模式 1。

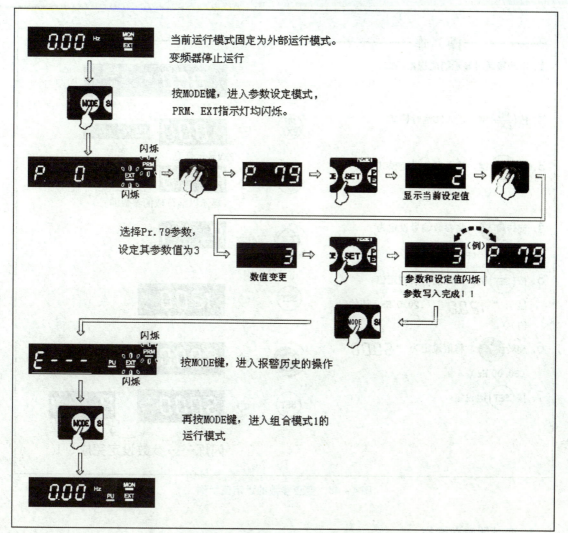

图 4 - 47　变频器的运行模式变更示例

2. 变频器参数变更

变频器参数的出厂设定值被设置为完成简单的变速运行。如需按照负载和操作要求设定参数，则应进入参数设定模式，先选定参数号，然后设置其参数值。设定参数分两种情况，一种是停机 STOP 方式下重新设定参数，这时可设定所有参数；另一种是在运行时设定，这时只允许设定部分参数，但是可以核对所有参数号及参数。图 4 - 48 所示为参数设定过程的一个例子，所完成的操作是把参数 Pr.1（上限频率）从出厂设定值 120.0 Hz 变更为 50.0 Hz，假定当前运行模式为外部/PU 切换模式（Pr.79 = 0）。

图 4 - 48 所示的参数设定过程，需要先切换到 PU 模式下，再进入参数设定模式。实际上，在任一运行模式下，按 MODE 键都可以进入参数设定，如图 4 - 47 所示，但只能设定部分参数。

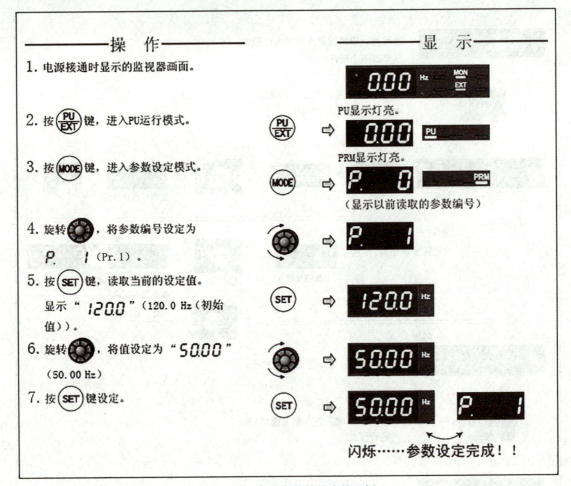

图 4 - 48　变更参数的设定值示例

3. 变频器参数清空

·如果用户在参数调试过程中遇到问题，并且希望重新开始调试，可用参数清除操作方法实现，即在 PU 运行模式下，设定 Pr. CL 参数清除、ALLC 参数全部清除为 "1"，可使参数恢复为初始值。（但如果设定 Pr. 77 参数写入选择 = "1"，则无法清除。）

参数清除操作，需要在参数设定模式下，用 M 旋钮选择参数编号为 Pr. CL 和 ALLC，把它们的值均置为 1，操作步骤如图 4 - 49 所示。

4. PU 点动控制

通过 PU 操作面板设置为点动运行模式，如图 4 - 50 所示。

变频器参数修改

参数清除

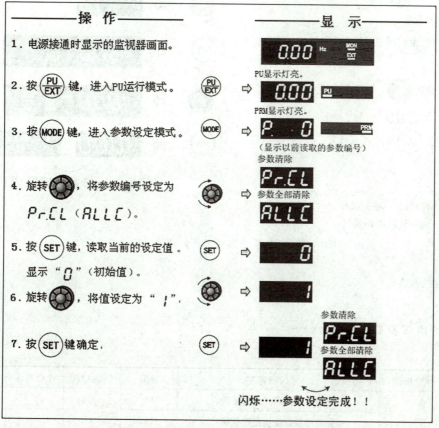

图 4-49　参数全部清除的操作示意

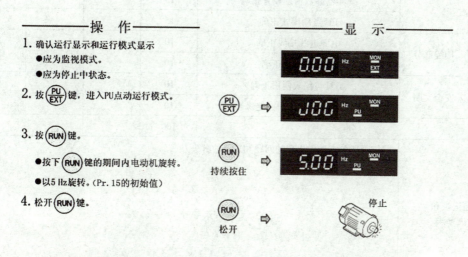

图 4-50　通过 PU 操作面板设置为点动运行模式

【变更PU点动运行的频率时】

5. 按 键，进入参数设定模式。

PRM显示灯亮

（显示以前读取的参数编号）

6. 旋转 ，将参数编号设定为 Pr.15点动频率。

7. 按 键显示当前设定值。（5 Hz）

8. 旋转 ，将数值设定为"*10.00*"。（10 Hz）

9. 按 键确定。

闪烁……参数设定完成！！

10. 执行1～4项的操作。
电动机以10 Hz旋转。

图4-50 通过 PU 操作面板设置为点动运行模式（续）

【任务评价】

任务评价如表4-30所示。

表4-30 任务评价

序号	评价指标	评价内容	分值	学生自评	小组互评	教师点评
1	参数设置	变频器运行模式设置正确	15			
		变频器参数变更设置正确	15			
		变频器参数清空设置正确	15			
		PU 点动模式正确	15			
2	接线部分	电源进线接线正确	10			
		电动机接线正确	10			
3	安全文明	工具与仪表使用正确	10			
		按要求穿戴工作服、绝缘鞋	10			
	总分		100			
问题记录和解决方法		记录任务实施中出现的问题和采取的解决方法				

【任务拓展】

按下述步骤完成基于变频器面板操作的电动机开环调速控制。（本次任务完成的同学可先行考虑）

（1）接通变频器电源；

（2）进入 PU 运行模式；

（3）调节参数 Pr. 161 = 1；

（4）按 RUN 键运行变频器；

（5）旋转 M 旋钮调节频率进行开环调速。

【子任务 2】PLC 控制变频器多段速控制

【学习目标】

变频器多段调速的
PLC 控制

（1）理解变频器进行多段调速的工作原理。

（2）掌握 PLC 控制变频器对电动机实现多段调速。

【任务引入】

变频器可以将工频交流电转换成频率、电压均可控制的交流电，目前在各行业中被广泛应用。在工业生产中，由于工艺的要求，生产机械需要在不同的转速下运行，如车床主轴的变频和提升机等。下面我们就来学习通过变频器实现对多种段速的控制。

【任务描述】

PLC 控制后按下启动按钮 SB1，电动机以 30 Hz 频率运行，3 s 后转为 45 Hz 运行，再过 3 s 转为 20 Hz 频率运行，不断循环，按下停止按钮 SB7，电动机立即停止。

【相关知识】

变频器在外部操作模式或组合操作模式下，变频器可以通过外接的开关器件的组合通断改变输入端子的状态来实现。这种控制频率的方式称为多段速控制功能。FR – E740 变频器的速度控制端子是 RH、RM 和 RL，通过这些开关的组合可以实现 3 段、7 段速的控制。

转速的切换：由于转速的挡次是按二进制的顺序排列的，故三个输入端可以组合成 3 ~ 7 段（0 状态不计）速。其中，3 段速由 RH、RM、RL 单个通断来实现。7 段速由 RH、RM、RL 通断的组合来实现。

7 段速的各自运行频率则由参数 Pr. 4 ~ Pr. 6（设置前 3 段速的频率）、Pr. 24 ~ Pr. 27

（设置第 4 段速至第 7 段速的频率）设置。对应的控制端状态及参数关系如图 4 - 51 所示。

参数号	出厂设定	设定范围	备注
4	50 Hz	0 ~ 400 Hz	
5	30 Hz	0 ~ 400 Hz	
6	10 Hz	0 ~ 400 Hz	
24 ~ 27	9999	0 ~ 400 Hz，9999	9999：未选择

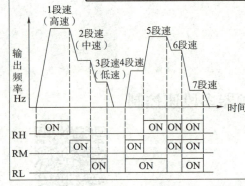

1 段速：RH 单独接通，Pr. 4 设定频率；

2 段速：RM 单独接通，Pr. 5 设定频率；

3 段速：RL 单独接通，Pr. 6 设定频率；

4 段速：RM、RL 同时通，Pr. 24 设定频率；

5 段速：RH、RL 同时通，Pr. 25 设定频率；

6 段速：RH、RM 同时通，Pr. 26 设定频率；

7 段速：RH、RM、RL 全通，Pr. 27 设定频率

图 4 - 51　多段速控制对应的控制端状态及参数关系

多段速在 PU 运行和外部运行中都可以设定，运行期间参数值也能被改变。3 段速设定的场合（Pr. 24 ~ Pr. 27 设定为 9999），2 段速以上同时被选择时，低速信号的设定频率优先。

最后指出，如果把参数 Pr. 183 设置为 8，将 RMS 端子的功能转换成多速段控制端 REX，就可以用 RH、RM、RL 和 REX（由）通断的组合来实现 15 段速。详细的说明请参阅 FR - E740 使用手册。

【任务分析】

根据任务要求可知，实现该三个段速首先需要设置变频器的相关参数，Pr. 4、Pr. 5 和 Pr. 6 分别为 30 Hz、45 Hz 和 20 Hz，然后设计 PLC 控制变频器实现三段速的原理图，最后编写相关的程序实现即可完成本任务的功能。需要注意该任务要求没有明确要求电动机的旋转方向为正转还是反转，此处默认为正转。

【任务实施】

变频器多段速
PLC 控制

（1）变频器参数设置。

根据控制要求，参数设置过程如下：首先在 PU 模式下按 MODE 键；设置 Pr. 79 = 2 外部模式；然后设置 Pr. 4 = 50、Pr. 5 = 30、Pr. 6 = 20；最后保存参数，指示灯闪烁，参数设置完成。

（2）确定 PLC I/O 地址分配，如表 4 - 31 所示。

表 4 – 31　PLC I/O 分配

输入继电器	输入点	输出继电器	输出点
启动按钮 SB1	X0	STF	Y20
停止按钮 SB7（常开）	X1	RL	Y22
—	—	RM	Y23
—	—	RL	Y24

（3）绘制 PLC 控制变频器实现 3 段速控制的主电路和 PLC I/O 控制电路接线图，如图 4 – 52 所示。

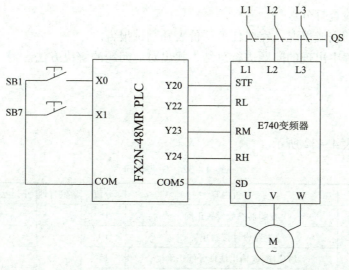

图 4 – 52　变频器 3 段速控制的主电路和 PLC I/O 控制电路接线图

（4）根据 PLC 控制变频器实现 3 段速运行的控制要求，编写的控制程序梯形图如图 4 – 53 所示。

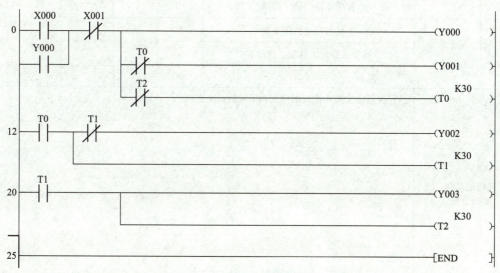

图 4 – 53　3 段速控制程序梯形图

梯形图意思是：当按钮 SB1 闭合时，驱动输入继电器 X0，X0 的常开触头闭合，使输出继电器 Y0 得电，同时 Y1 和时间继电器 T0 也得电。电动机在 10 Hz 下工作，当时间到达 3 s 时，Y1 断电，Y2 和 T1 得电，电动机在 30 Hz 下工作，又过 3 s，Y1、Y2 都断电，Y3、T2 工作，电动机在 50 Hz 下正常工作，当时间继电器 T2 计时到 3 s 时开始循环以上动作。

（5）功能调试。

①按图 4 - 52 所示的电路图将电路接好，并用万用表检测电路是否正确。

②程序下载，用 RS - 232 下载程序到三菱的 PLC 中。打开 PLC 电源，下载并调试图 4 - 53 所示的参考程序使其符合控制要求（注意文件保存在 G 盘）。

③检查功能调试是否与任务要求一致，若不一致，则继续修改程序，检查电路；若一致，则汇报老师检查打分。

④根据任务的完成情况，完成任务评价表和测试报告。

⑤对实施过程中出现的问题进行总结，找出对应问题的解决方法。

【任务评价】

任务评价如表 4 - 32 所示。

表 4 - 32　任务评价

序号	评价指标	评价内容	分值	学生自评	小组互评	教师点评
1	硬件设计	变频器参数设置正确	15			
		电路设计接线正确	10			
		PLC 输入/输出地址分配正确	15			
		3 段速输出正确	20			
		程序输入、下载正确	10			
3	功能调试	程序检查、调试方法正确	10			
		程序标注明确、完整	10			
4	安全文明	工具与仪表使用正确	5			
		按要求穿戴工作服、绝缘鞋	5			
	总分		100			
问题记录和解决方法		记录任务实施中出现的问题和采取的解决方法				

【任务拓展】

　　试编写 PLC 控制变频器实现 4 段速运行，要求如下：

　　PLC 控制后按下启动按钮 SB1，电动机以 30 Hz 频率运行，3 s 后转为 45 Hz 运行，再过 3 s 转为 20 Hz 频率运行，运行 5 s 以 15 Hz 的频率运行，不断循环。按下停止按钮 SB7，电动机立即停止。

项目五　步进、伺服电动机的控制

项目描述

步进电动机是自动控制系统和数字控制系统中广泛应用的执行元件，普遍应用于经济型数控机床、雕刻机、贴标签机、激光制版机、打印机、绘图仪等中大型自动化设备中。

伺服电动机在加工中心、自动车床、电动注塑机、机械手、印刷机、包装机、弹簧机、三坐标测量仪、电火花加工机等方面的设备有广阔的应用。

本项目实现了对步进电动机、伺服电动机速度、位置、方向的正确控制。

学习目标

知识目标

（1）理解步进电动机、伺服电动机的工作原理。
（2）掌握步进驱动器、伺服驱动器参数设置方法。
（3）学会用 PLC 控制步进电动机、伺服电动机的编程方法。

能力目标

（1）学会正确对步进电动机、伺服电动机控制电路安装、接线。
（2）能够正确设置步进驱动器、伺服驱动器参数。
（3）能够正确进行步进电动机、伺服电动机控制电路的调试。
（4）能够掌握检测、判断步进电动机、伺服电动机控制电路故障。

任务一　步进电动机的控制

【学习目标】

（1）通过本任务的学习，了解步进电动机的基本结构和工作原理，熟悉步进电动机的基本参数和特点。

（2）掌握 PLC 与步进驱动器之间的接线方法与参数设定，掌握步进电动机与驱动器的接线与参数设定。

（3）能完成 PLC 的编程，并能控制步进电动机运行。

【任务引入】

步进电动机是一种用电脉冲控制运转的电动机。每输入一个电脉冲信号，步进电动机按设定的方向转动一个固定的角度。在不超载的情况下可以通过控制脉冲个数来控制角位移量，从而达到准确定位的目的；同时可以通过控制脉冲频率来控制电动机转动的速度和加速度，从而达到调速的目的。

【相关知识】

步进控制系统的组成包括控制器、步进驱动器和步进电动机三部分，如图 5-1 所示。

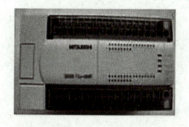

控制器	步进驱动器	步进电动机
PLC、单片机、定位模块等。作用：产生脉冲和方向信号。	对控制器送来的脉冲和方向信号进行放大和分配。	步进电动机按照分配来的信号运行驱动工作台。

图 5-1　步进控制系统组成图

一、步进电动机的分类和工作原理

1. 步进电动机的分类

（1）步进电动机根据运转方式可分为旋转式、直线式和平面式，其中旋转式应用最为广泛。

（2）步进电动机按输出转矩的大小来分，可分为快速步进电动机和功率步进电动机。快速步进电动机工作频率高，但输出转矩小；功率步进电动机输出转矩较大。数控机床上多采用功率步进电动机。

（3）步进电动机按工作原理来分，可分为可变磁阻式、永磁式和混合式三种类型。

可变磁阻式也叫反应式步进电动机，它是靠改变电动机定子与转子软钢齿之间的电磁引力来改变定子和转子的相对位置的，具有步距角小的特点。

永磁式步进电动机的转子铁芯装有多条永磁铁，转子的转动与定位是由转子和定子之间电磁引力和磁铁吸力共同作用的结果，该电动机的转矩和步距角都很大。

混合式步进电动机综合了反应式和永磁式步进电动机的优点，一方面采用永久磁铁来提高转矩；另一方面采用细密的极齿来减小步距角，这种步进电动机在数控机床上应用较多。

（4）按励磁绕组的相数可分为两相、三相、四相、五相、六相的步进电动机。

（5）按电流极性，可以分为单极性和双极性的步进电动机。

2. 步进电动机的工作原理

1）步进电动机的结构及工作原理

步进电动机由凸极式定子、定子绕组和带四个齿的转子组成。图 5 - 2 所示为一个三相六极反应式步进电动机。

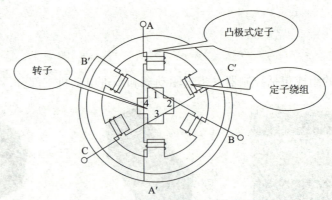

图 5 - 2　一个三相六极反应式步进电动机

给 A 相绕组通电时，转子齿 1、3 偏离定子齿一个角度。由于励磁磁通总是沿磁阻最小路径通过，因此对转子产生电磁吸力，迫使转子齿转动，当转子转到与定子齿对齐位置时，因转子只受径向力而无切线力，故转矩为零，转子被锁定在这个位置上。由此可见，错齿是使步进电动机旋转的根本原因。

步进电动机运动的工作原理如下：

（1）当 A 相绕组通电时，根据电磁学原理，便会在 A—A′方向产生一个磁场，在磁场电磁力的作用下吸引转子，使转子的齿 1、3 与定子 A—A′磁极上的齿对齐。

（2）若 B 相通电，便会在 B—B′方向产生一个磁场，在磁场电磁力的作用下吸引转子，使转子的齿 2、4 与定子 B—B′磁极上的齿对齐。

（3）若 C 相通电，便会在 C—C′方向产生一个磁场，在磁场电磁力的作用下吸引转子，使转子的齿 3、1 与定子 C—C′磁极上的齿对齐。

（4）如果控制电路不停按 A—B—C—A……的顺序控制步进电动机绕组的通断电，步进电动机的转子将不停地按逆时针转动。

（5）如果通电顺序改为 A—C—B—A……，步进电动机将顺时针不停地转动。显然步进电动机的速度取决于通电脉冲的频率，频率越高，转速越快。

2）步进电动机的通电方式

步进电动机的通电方式有单三拍、六拍及双三拍等，图 5 - 3 所示为三相单三拍通电方式转子的位置。

"单"指的是每次只有一相绕组通电。

"双"指的是每次有两相绕组通电。

"相"指的是定子绕组为几组。

"拍"指的是通电次数（即从一种通电状态转到另一种通电状态）。

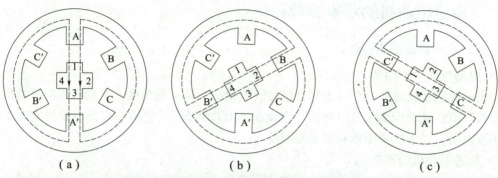

图 5 – 3 三相单三拍通电方式时转子的位置
（a）A 相通电；（b）B 相通电；（c）C 相通电

按 A—B—C 方式通电，称为三相单三拍运行。

按 A—AB—B—BC—C—CA—A 方式通电，称为三相六拍运行。

按 AB—BC—CA 方式通电，称为三相双三拍运行。

若以三相六拍通电方式工作，当 A 相通电转为 A 和 B 同时通电时，转子的磁极将同时受到 A 相绕组产生的磁场和 B 相绕组产生的磁场的共同吸引，转子的磁极只好停在 A 和 B 两相磁极之间，这时它的步距角 α 等于 30°。当由 A 和 B 两相同时通电转为 B 相通电时，转子磁极再沿顺时针旋转 30°，与 B 相磁极对齐。其余以此类推。采用三相六拍通电方式，可使步距角 α 缩小一半。

通电方式的不同不仅会影响步进电动机的步距角，而且会影响运行的稳定性。在单三拍运行时，每次只有一相绕组通电，在切换过程中，容易发生失步，并且单靠一相绕组吸引转子，其运行稳定性也不好，容易在平衡位置附近产生振荡，所以这种方法用得很少。在双三拍运行时，每次都有两相绕组同时通电，而且在切换过程中始终有一相绕组保持通电状态，因此工作很稳定，其步距角与单三拍时相同。在六拍运行方式时，因切换时始终有一相绕组通电且步距角小，所以工作稳定性最好，虽然电源复杂但实际上多采用这种运行方式。

无论是三相三拍还是三相六拍步进电动机，它们的步距角都比较大，均不能满足精度要求。为了减小步距角，实际的步进电动机通常在定子和转子上开很多的小齿，这样可以大大减小步距角。

3）步进电动机的步距角

步进电动机绕组的通断电状态每改变一次，转子转过的角度称为步距角。步进电动机的步距角与定子绕组的相数、转子的齿数、通电方式系数 k 有关。

$$\alpha = 360°/mzk$$

式中　m——定子绕组相数；

147

z——转子齿数，一般 1 个转子上有 10 个小齿，共 4 个转子；

k——通电方式系数（m 相 m 拍时，$k=1$；m 相 $2m$ 拍时，$k=2$）。

上例是三相三拍通电方式步进电动机，$\alpha = 360° / (3 \times 40 \times 1) = 3°$。

若是三相六拍通电方式步进电动机，$\alpha = 360° / (3 \times 40 \times 2) = 1.5°$。

步进电动机的步距角多为 3° 和 1.5°。

二、步进电动机的基本参数和特点

1. 步进电动机的基本参数

1）电动机固有步距角

它表示控制系统每发一个步进脉冲信号，电动机所转动的角度。电动机出厂时给出了一个步距角的值，这个步距角可以称为"电动机固有步距角"，它不一定是电动机实际工作时的真正步距角，真正的步距角和驱动器有关。

2）步进电动机的相数

步进电动机的相数是指电动机内部的线圈组数，目前常用的有两相、三相、四相、五相步进电动机。电动机相数不同，其步距角也不同，一般两相电动机的步距角为 0.9°/1.8°、三相的为 0.75°/1.5°、五相的为 0.36°/0.72°。在没有细分驱动器时，用户主要靠选择不同相数的步进电动机来满足自己步距角的要求。如果使用细分驱动器，则"相数"将变得没有意义，用户只需在驱动器上改变细分数，就可以改变步距角。

3）保持转矩

保持转矩是指步进电动机通电但没有转动时，定子锁住转子的力矩。它是步进电动机最重要的参数之一，通常步进电动机在低速时的力矩接近保持转矩。由于步进电动机的输出力矩随速度的增大而不断衰减，输出功率也随速度的增大而变化，所以保持转矩就成为衡量步进电动机最重要的参数之一。比如，当人们说 2 N·m 的步进电动机，在没有特殊说明的情况下是指保持转矩为 2N·m 的步进电动机。

4）钳制转矩

钳制转矩是指步进电动机没有通电的情况下，定子锁住转子的力矩。由于反应式步进电动机的转子不是永磁材料，所以它没有钳制转矩。

5）精度

一般步进电动机的精度为步进角的 3% ~ 5%，且不累积。

6）空载启动频率

步进电动机在空载情况下能够正常启动的脉冲频率，如果脉冲频率高于该值，电动机不能正常启动，可能发生丢步或堵转。在有负载的情况下，启动频率应更低。如果要使电动机高速转动，脉冲频率应该有加速过程，即启动频率较低，然后按一定加速度升到所希望的高频（电动机转速从低速升到高速）。

2. 步进电动机的特点

（1）步进电动机外表温度在 80 ~ 90℃ 时完全正常。

步进电动机外表允许的最高温度取决于不同电动机磁性材料的退磁点。步进电动机温度过高时会使电动机的磁性材料退磁，从而导致力矩下降乃至于失步，因此电动机外表允许的最高温度应取决于不同电动机磁性材料的退磁点；一般来讲，磁性材料的退磁点都在130℃以上，有的甚至高达200℃以上，所以步进电动机外表温度在80～90℃完全正常。

（2）步进电动机的力矩会随转速的升高而下降。

当步进电动机转动时，电动机各相绕组的电感将形成一个反向电动势；频率越高，反向电动势越大。在它的作用下，电动机随频率（或速度）的增大而相电流减小，从而导致力矩下降。

（3）步进电动机低速时可以正常运转，但若速度高于一定值就无法启动，并有啸叫声。

三、步进驱动器

步进电动机工作时需要提供脉冲信号，这需要专门的电路来完成。将这些电路做成一个成品的设备——步进驱动器，它的作用是在控制设备（PLC或单片机）的控制下，为步进电动机提供工作所需幅度的脉冲信号，如图5－4所示。

图5－4　两相混合式步进电动机细分驱动器外形图

1. 步进驱动器的结构

步进驱动器的内部组成分为环形分配器和功率放大器。

（1）环形分配器：步进电动机的各相绕组必须按一定顺序通电才能正常工作，使电动机绕组的通电顺序按一定规律变化的部分为脉冲分配器，又称环形分配器。

（2）功率放大器（功率驱动器）：由于环形分配器来的脉冲电流只有几毫安，而步进电动机绕组需要1～10 A的电流才能驱动步进电动机旋转，因此要有较大的高频转矩，必须有较大的高频电流。功率放大器的作用就是将脉冲电流放大，使其增大到几安至十几安，从而驱动步进电动机旋转。

从步进电动机的转动原理可以看出，要使步进电动机正常运行，必须按规律控制步进电动机的每一相绕组得电。步进驱动器接收外部的信号是方向信号和脉冲信号。另外步进电动机在停止时，通常有一相得电，电动机的转子被锁住，所以当需要转子松开时，可以使用脱机信号（FREE）。

2. 步进驱动器和步进电动机的接线

SH－20403两相混合式先进驱动器接线图如图5－5所示。

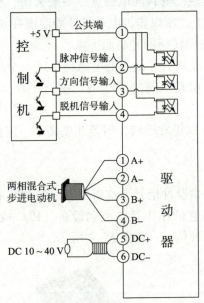

图 5－5　SH－20403 两相混合式步进驱动器接线图

1）输入信号接线

型号为 SH－20403 的"森创"两相混合式步进驱动器电源与输出信号有四个端子：分别是公共端、脉冲信号输入、方向信号输入、脱机信号输入。

（1）公共端。

本驱动器的输入信号采用共阳极接线方式，用户应将输入信号的电源正极连接到该端子上，将输入的控制信号连接到对应的信号端子上。控制信号低电平有效，此时对应的内部光耦导通，控制信号输入驱动器。

（2）脉冲信号输入。

共阳极时该脉冲信号下降沿被驱动器解释为一个有效脉冲，并驱动电动机运行一步。为了确保脉冲信号的可靠响应，共阳极时脉冲低电平的持续时间不应少于 10 μs。本驱动器的信号响应频率为 70 kHz，过高的输入频率将可能得不到正确响应。

（3）方向信号输入。

该端信号的高电平和低电平控制电动机的两个转向。共阳极时该端悬空被等效认为输入高电平。控制电动机转向时，应确保方向信号领先脉冲信号至少 10 μs，可避免驱动器对脉冲的错误响应。

（4）脱机信号输入。

该端接收控制机输出的高/低电平信号，共阳极低电平时电动机相电流被切断，转子处于自由状态（脱机状态）。共阳极高电平或悬空时，转子处于锁定状态。

需要注意的是，本驱动器可以通过修改程序实现对双脉冲工作方式的支持，当工作于双脉冲方式时，方向信号端输入的脉冲被解释为反转脉冲，脉冲信号端输入的脉冲为正转脉冲。另外，标准共阳驱动器也可以修改成共阴驱动器。驱动器的接线端子采用可拔插端子，可以先将其拔下，接好线后再插上。注意为避免端子上的螺钉意外丢失，在不接线时也应将端子的螺钉拧紧。

2）电源信号和输出信号接线

型号为 SH – 20403 "森创" 两相混合式步进驱动器电源与输出信号有六个端子：分别是 DC +、DC –、A +、A –、B +、B –。

（1）电源信号。

DC +、DC – 驱动器内部的开关电源设计保证了可以适应较宽的电压范围，用户可根据各自的情况在 DC 10 ~ 40 V 之间选择。一般来说，较高的额定电源电压有利于提高电动机的高速力矩，但会加大驱动器的损耗和温升。

（2）输出信号。

A +、A – 端子：A 相脉冲输出。A +、A – 互调，电动机的运转方向会改变；B +、B – 端子：B 相脉冲输出。B +、B – 互调，电动机的运转方向会改变。其接线如图 5 – 6 所示。

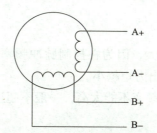

图 5 – 6　步进电动机的接线

3. 输出电流选择

本驱动器最大输出电流值为 3 A/相（峰值），通过驱动器面板上六位拨码开关的第 5、6、7 三位可组合出八种状态，对应八种输出电流，从 0.9 A 到 3 A（详见电流选择表）可以配合不同的电动机使用，如表 5 – 1 所示。

表 5 – 1　输出电流的设置

5	6	7	电流	5	6	7	电流	5	6	7	电流	5	6	7	电流
ON	ON	ON	0.9 A	ON	OFF	ON	1.5 A	ON	ON	OFF	1.2 A	ON	OFF	OFF	1.8 A
OFF	ON	ON	2.1 A	OFF	OFF	ON	2.7 A	OFF	ON	OFF	2.4 A	OFF	OFF	OFF	3 A

例如：步进驱动器电流设置为 1.5 A。将六位拨码开关的第 5、6、7 分别调至 ON、OFF、ON，即可使输出电流 1.5 A。

4. 细分设置

为了提高步进电动机控制的精度，现在的步进驱动器都有细分功能，所谓细分就是通过驱动器中电路的方法把步距角减小。例如，把步进驱动器设置成 5 细分，假设原来步距角为 1.8°，那么设置成 5 细分后，步距角就是 0.36°。即原来一步可以走完的，设置成细分后需要走 5 步。

一般步进驱动器有三种基本的驱动模式：整步、半步、细分。其主要区别在于电动机线圈电流的控制精度（即激磁方式），如图 5 – 7 所示。

整步

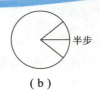
半步

n细分

（a）　　　　　　　　（b）　　　　　　　　（c）

图5－7　步进驱动器的驱动模式

（a）整步（1.8°）；（b）半步（0.9°/每半步）；（c）n细分（每细分步＝1.8°/n）

细分驱动模式具有低速振动极小和定位精度高两大优点。对于有时需要低速运行（即电动机转轴有时工作在60 r/min以下）或定位精度要求小于0.9°的步进应用中，细分驱动器获得了广泛的应用。其基本原理是对电动机的两个线圈分别按正弦和余弦形的台阶进行精密电流控制，从而使一个步距角的距离分成若干个细分步完成，如图5－7所示。例如，十六细分的驱动方式可使每圈200标准步的步进电动机达到每圈200×16＝3 200（步）的运行精度（即0.112 5°）。

设置细分时要注意的事项：

（1）一般细分数不能设置过大，因为在控制脉冲频率不变的情况下，细分越大，电动机的转速越慢，而且电动机的输出力矩越小。

（2）驱动步进电动机的脉冲频率不能太高，一般不超过2 kHz，否则电动机输出的力矩迅速减小。

本驱动器可提供整步、半步、4细分、8细分、16细分、32细分和64细分七种运行模式，利用驱动器面板上六位拨码开关的第1、2、3三位可组合出不同的状态（详见细分模式选择表），如表5－2所示。

表5－2　细分模式选择表

1	2	3	模式	1	2	3	模式	1	2	3	模式	1	2	3	模式
ON	ON	ON	保留	ON	OFF	ON	32细分	ON	ON	OFF	8细分	ON	OFF	OFF	半步
OFF	ON	ON	64细分	OFF	OFF	ON	16细分	OFF	ON	OFF	4细分	OFF	OFF	OFF	整步

例如：步进驱动器细分设置为2细分。将六位拨码开关的第1、2、3分别调至ON、OFF、OFF，即可使输出电流选择为半步（2细分）。

【子任务1】步进电动机的基本运行

【任务要求】

（1）按下SB1按钮一次，步进电动机轴转过一个步距角；连续按SB1按钮使电动机轴转过约90°（轴上先做好标记，记录细分设置为整步与半步时，分别共按了多少次）。

（2）按下SB1按钮时，速度按快和按慢观察电动机转轴旋转速度的变化。

（3）按下SB2按钮后，再连续按下SB1按钮，观察电动机转轴旋转方向。

【任务分析】

1. 控制电路图

图5-8所示为步进电动机控制电路。

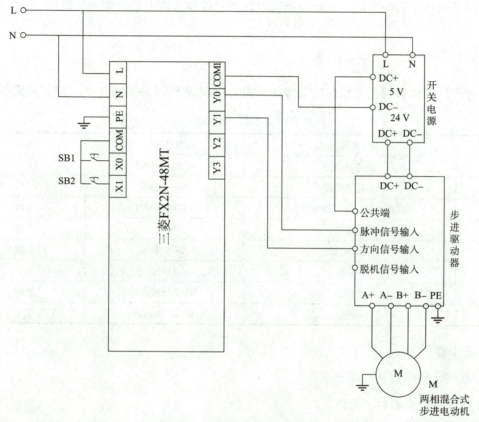

图5-8　步进电动机控制电路图

2. 梯形图

图5-9为手动控制步进电动机运行梯形图。

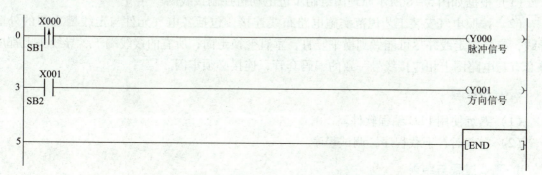

图5-9　手动控制步进电动机运行梯形图

153

3. 程序编写过程及分析

（1）按下 SB1 按钮，Y0 为 ON，松开 SB1 按钮，Y0 为 OFF。作为步进驱动器的脉冲输入信号，每次 Y0 由 OFF 到 ON 发出一个脉冲信号，步进驱动器驱动步进电动机的轴转过一个步距角。

（2）当按下 SB2 按钮后，Y1 为 ON。Y1 为步进驱动器的方向信号控制，该信号 ON/OFF 控制了两种不同的方向，从而控制通过该信号控制步进电动机的正反转。

【任务实施】

学习步进电动机控制电路的安装接线，需要用到表 5－3 所列的工具、仪器和设备。

表 5－3　工具、仪器和设备

序号	名称	型号规格	数量
1	步进电动机	42BYGH5403	1 台
2	步进驱动器	SH－20403	1 台
3	PLC 主机（晶体管输出）	FX2N－48MT	1 台
4	计算机	自定	1 台
5	开关电源	24 V/5 V	1 块
6	按钮	红/绿	2 个
7	万用表	MF47 型或自选	1 块
8	导线	RV 0.75 mm^2	若干

实施步骤：

1. 电气元件的安装与固定

（1）清点检查器材、元件。

（2）设计步进电动机控制电路电气元件布置图。

（3）根据电气安装工艺规范安装、固定元器件。

2. 电气控制电路的连接

（1）根据如图 5－8 所示原理图绘制步进电动机控制接线图。

（2）按照电气安装工艺规范实施电路布线连接，包括各电气元件与走线槽之间的外露导线，应合理走线并尽可能做到横平竖直，垂直变换走向；所有的接线端子、导线头上都应该套有与电路图上相应接线号一致的编码套管，连接必须牢固。

3. 程序编写

（1）熟练使用 PLC 编程软件。

（2）空载时，下载程序、调试程序。

4. 测试过程与结果

（1）上电前先将步进电动机转盘上做好"0°"标记。

（2）按 SB1 按钮，连续按 50 次（慢速），再连续按 50 次（快速），并记录位置。

①慢速按 50 次后"0°标记"指在"_____"钟方向。

②快速按 50 次后"0°标记"指在"_____"钟方向。

③快速按 SB1 时电动机转速_____（快/慢）；慢速按 SB1 时电动机转速_____（快/慢）。

（3）先按下 SB2 不松开，再按 SB1 按钮，连续按。（观察转向）

①SB2 按下状态时，连续按 SB1 按钮，电动机_____（顺时针/逆时针）旋转。

②SB2 松开状态时，连续按 SB1 按钮，电动机_____（顺时针/逆时针）旋转。

【任务评价】

任务评价如表 5-4 所示。

表 5-4　任务评价

班级				姓名		
序号	考核项目	考核要求	配分	评分标准		得分
1	电路图分析	装调思路	10	思路清晰，得 10 分，其他情况酌情扣分		
2		电气元件位置	10	电气元件位置安装合理得 10 分，其他情况酌情扣分		
3	电路装调	参数的设置	10	设置参数的方法不正确，一处扣 5 分		
4		电路接线	15	接线不正确，一处扣 10 分。其他酌情扣分		
5		程序的编制	15	程序正确得 15 分，其他酌情扣分		
6		整机的调试	20	整机调试成功得 20 分，其他酌情扣分		
7	安全文明	出现短路或触电	10	出现短路或触电扣 10 分		
8		仪器、仪表使用	10	仪器、仪表使用正确得 10 分，其他酌情扣分		
	工时	工时 2 h，每超 10 min 扣 5 分，最多可延时 30 min				
合计			100			

【任务拓展】

（1）每按下一次转了_____度？如果要让电动机轴旋转一圈需要按____次？（整步）

（2）每按下一次转了_____度？如果要让电动机轴旋转一圈需要按____次？（半步）

（3）脉冲频率的高低与速度快慢的关系？

（4）脉冲量的大小与行程的关系？

（5）方向信号与步进电动机旋转方向的关系？

（6）细分的大小与精度的关系？

【子任务2】步进电动机正反转循环运行

【任务要求】

采用 PLC 作为上位机控制步进驱动器，使之驱动步进电动机循环运行，控制要求如下：

按下 SB1 启动按钮，第一次动作为正向旋转 3 rad（圈）；停 5 s 后，第二次动作为反向旋转 4 rad，再停 3 s，如此反复运行。按下 SB2 停止按钮，步进电动机停转。

设置参数：正向脉冲频率为 400 Hz，反向脉冲频率为 600 Hz，步进驱动器设置为 2 细分，电流设置为 1.5 A。

【任务分析】

1. 控制电路图

图 5 – 8 所示为步进电动机运行控制电路图。

2. 细分和电流设置

步进驱动器电流设置为 1.5 A。将六位拨码开关的第 5、6、7 分别调至 ON、OFF、ON。步进驱动器细分设置为 2 细分。将六位拨码开关的第 1、2、3 分别调至 ON、OFF、OFF，即可使输出电流选择为半步（2 细分）。

3. 程序编写过程及分析

采用的 PLC 的型号是三菱公司的 FX2N – 48MT，根据题目的控制要求，可采取步进指令编写，首先画出流程图，再根据流程图来编出程序。

（1）根据题目要求绘制程序流程图。图 5 – 10 所示为步进电动机正反向循环运行流程。

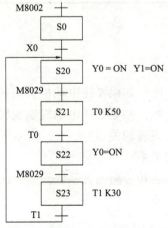

图 5 – 10　步进电动机正反向循环运行流程

（2）绘制梯形图，如图 5 – 11 所示。

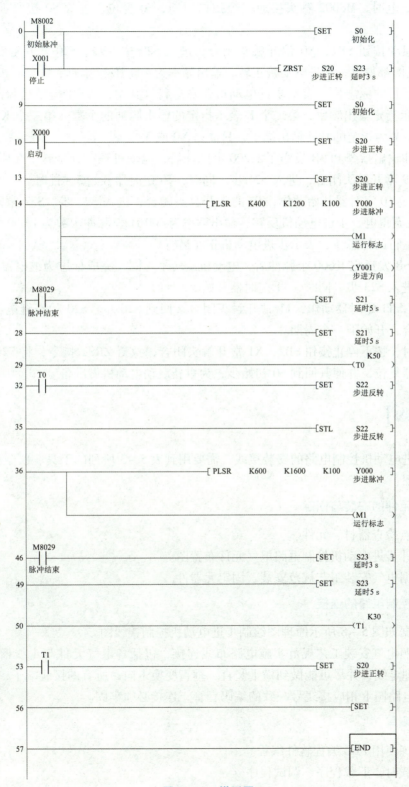

图 5 – 11　梯形图

（3）程序分析。

①PLC 上电时，M8002 触头接通一个扫描周期，S0 置位，进入 S0 初始步，为启动做准备。

②按下启动按钮 SB1，X0 常开触头闭合，进入 S20 这一步。S20 常开触头闭合，Y0、Y1、M1 的线圈都得电，步进电动机正转，输出频率为 400 Hz，脉冲个数为 1 200，M1 作为步进电动机运行的标志位，表示步进电动机正在运行。其中，PLSR 指令是脉冲输出指令，第一个 K 表示指定输出频率，第二个 K 表示指定的输出脉冲的个数，第三个 K 表示指定的加减速时间，Y 为指定的脉冲输出端子，只能是 Y0 或 Y1。

③当脉冲输出指令 PLSR 发送了 1 200 个脉冲后，电动机顺时针旋转了 3 圈，完成标志继电器 M8029 常开触头闭合，进入 S21 步。同时，T0 定时器开始 5 s 计时。

④5 s 后，T0 定时器开始动作，T0 的常开触头闭合，进入 S22 步。S22 常开触头闭合，Y0、M1 的线圈得电，步进电动机反转，输出频率为 600 Hz，脉冲个数为 1 600 个，M1 作为步进电动机运行的标志位，表示步进电动机正在运行。

⑤当 PLSR 发送完 1 600 个脉冲后，电动机旋转了 4 圈，完成标志为继电器 M8029 常开触头闭合，进入 S23 步。同时，T1 定时器开始 3 s 计时。

⑥3 s 后，T1 定时器动作，T1 常开触头闭合，回到 S20 步，S20 状态继电器置位，S20 常开触头闭合，开始下一个周期。

⑦运行时，按下停止按钮 SB2，X1 常开触头闭合，执行 ZRST 指令，将 S20～S23 所有的状态继电器复位，并使其回到 S0 初始步，为重新启动电动机做准备。

【任务实施】

学习步进电动机控制电路的安装接线，需要用到表 5 - 3 所列的工具、仪器和设备。
实施步骤：

1. 电气元件的安装与固定

（1）清点检查器材、元件。
（2）设计步进电动机控制电路电气元件布置图。
（3）根据电气安装工艺规范安装、固定元器件。

2. 电气控制电路的连接

（1）根据如图 5 - 8 所示原理图绘制步进电动机控制接线图。
（2）按照电气安装工艺规范实施电路布线连接，包括各电气元件与走线槽之间的外露导线，应合理走线，并尽可能做到横平竖直、垂直变换走向；所有的接线端子，导线头上都应该套有与电路图上相应接线号一致的编码套管，连接必须牢固。

3. 程序编写

（1）熟练使用 PLC 编程软件编程。
（2）空载时，下载程序、调试程序。

4. 带负载通电调试及排故

（1）安装完毕的控制电路板，必须按要求认真进行检查，确保接线无误后才允许通电试车。

（2）经指导教师复查认可，具有教师在场监护的情况下才可以带负载通电试验。

（3）若在校验过程中出现故障，学生应独立排除故障。

（4）根据任务要求，完成测试报告。

【任务评价】

任务评价如表 5-5 所示。

表 5-5　任务评价

班级				姓名		
序号	考核项目	考核要求	配分	评分标准		得分
1	电路图分析	装调思路	10	思路清晰，得 10 分，其他情况酌情扣分		
2		电气元件位置	10	电气元件位置安装合理得 10 分，其他情况酌情扣分		
3	电路装调	参数的设置	10	设置参数的方法不正确，一处扣 5 分		
4		电路接线	15	接线不正确，一处扣 10 分，其他酌情扣分		
5		程序的编制	15	程序正确得 15 分，其他酌情扣分		
6		整机的调试	20	整机调试成功得 20 分，其他酌情扣分		
7	安全文明	出现短路或触电	10	出现短路或触电扣 10 分		
8		仪器、仪表使用	10	仪器、仪表使用正确得 10 分，其他酌情扣分		
	工时	工时 2 h，每超 10 min 扣 5 分，最多可延时 30 min				
合计			100			

【任务拓展】

要求采用 PLC 作为上位机来控制步进驱动器，实现定长的运行控制电路。设计一个自动割线装置，让步进电动机传送线材，每传送指定长度后，进行切刀动作，将线材隔断。步进电动机传送的压辊周长为 50 mm，要剪切的线材的长度为 200 mm。步进电动机步距角为 1.8°，工作电流为 1.5 A，脉冲输入模式为单脉冲模式。试设计该程序并调试。

提示：

步距角 1.8°，如无细分，则步进驱动器要求输入 200 个脉冲，细分为 5，则需要 1 000 个脉冲才能旋转一周。步进电动机旋转一周传送 50 mm 的长度，如果总长为 N，传送 N 个长度的线材需旋转 $N/50$ 周，则给的脉冲数量就是 $N/50 \times 1\,000 = 20N$。

任务二　伺服电动机的控制

【学习目标】

（1）通过本任务了解交流伺服系统（包括伺服电动机和伺服驱动器等）的结构和工作原理。

（2）掌握伺服系统与 PLC 的接线方法。

（3）掌握伺服驱动器的参数设定，编写 PLC 控制程序，并能控制伺服电动机运行。

【任务引入】

伺服电动机是自动控制系统和计算装置中广泛应用的一种执行元件，其功能是把所接收的电信号转换为电动机转轴的角位移或角速度输出，在自动控制系统中常作为执行元件，所以伺服电动机又称为执行电动机。

【相关知识】

一、交流伺服系统的结构和工作原理

1. 交流伺服系统的组成

交流伺服系统是以交流伺服电动机为控制对象的自动控制系统，它主要由伺服控制器、伺服驱动器和伺服电动机组成。

2. 交流伺服系统主要控制模式

交流伺服系统主要有三种控制模式，分别是位置控制模式、速度控制模式和转矩控制模式。可以根据控制要求选择其中的一种或两种。

（1）速度控制：维持电动机的转速不变。当负载上升时，力矩也随之上升，转速不变；当负载下降时，力矩也随之下降，转速仍然不变。速度的设定可以通过模拟量 DC 0 ~ ±10 V（电压的正负表示旋转方向）或通过参数来调整速度。如果通过参数来设定转速时，最多可以设置 7 段速，此时功能与变频器类似。

（2）转矩控制：维持电动机的输出转矩不变，如恒张力、收卷系统控制需要严格控制转矩的场合。在转矩控制模式下，当转矩一定时，负载变化，转速也随之发生变化。转矩的设定可以通过模拟量 DC 0 ~ ±10 V（电压的正负表示力矩的方向）或参数来设置转矩。

（3）位置控制：伺服中最常用的控制。电动机输出的力矩由负载决定，负载越大，力矩越大，但不能超过负载的额定转矩。

位置控制模式一般是通过上位机产生的脉冲来控制伺服电动机的转动。用脉冲的频率来确定转动速度的大小，通过脉冲的个数来确定转动的角度（定角）或工作台移动的距离（定长），所以一般应用于定位装置，如数控机床的工作台控制就属于位置控制模式。

二、伺服电动机与编码器

1. 伺服电动机

实际应用中广泛使用的伺服电动机通常为永磁同步电动机，它的外形如图 5 – 12 所示。它内部引出两条电缆，一组与编码器连接（X6 端口相接），另一组与电动机的内部连接（X2 端口相接）。

交流伺服电动机主要由端盖、定子与转子、机座和编码器以及引出线组成。

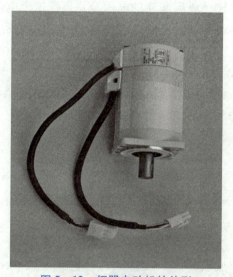

图 5 – 12　伺服电动机的外形

当定子三相绕组中通入三相电源后，就会在电动机的定、转子之间产生一个旋转磁场，这个旋转磁场的转速称为同步转速，由于转子是一个永磁体，因此，转子的转速也就是转子磁场的转速。

为了实现同步控制，必须对转子角位移进行即时和精确的测量，为此，在电动机上通常同轴安装有光电编码器。

2. 编码器

编码器是把角位移或直线位移转换成电信号的一种装置，如图 5 – 13 所示，前者称为码盘，后者称为码尺。按照读出方式编码器可以分为接触式和非接触式两种。接触式采用电刷输出，电刷接触导电区或绝缘区来表示代码的状态是"1"还是"0"；非接触式的接收敏感元件是光敏元件或磁敏元件，采用光敏元件时以透光区和不透光区来表示代码的状态是"1"还是"0"。根据检测原理，编码器可分为光学式、磁式、感应式和电容式四种。

根据其刻度方法及信号输出形式，编码器可分为增量式、绝对式以及混合式三种。

1）增量式编码器

图 5 – 13　编码器的外形

增量式编码器是将位移转换成周期性的电信号，再把这个电信号转变成计数脉冲，用脉冲的个数表示位移的大小。每旋转一定的角度或移动一定的距离会产生一个脉冲，脉冲会随着位移的增加而不断增多。

（1）增量式编码器的结构。

增量式光电编码器是一种常用的增量编码器，它主要由玻璃码盘、LED、光敏元件、光阐板、透光条纹、零位标志和整形电路组成，如图 5 – 14 所示。

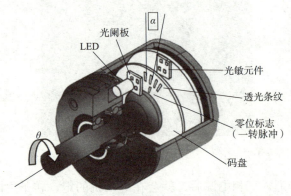

图 5 – 14　增量式编码器的结构

在与被测轴同心的码盘上刻制了按一定编码规则形成的遮光和透光部分的组合。在码盘的一边是发光二极管或白炽灯光源，另一边是接收光线的光电器件。码盘随着被测轴的转动使透过码盘的光束产生间断，通过光电器件的接收和电路的处理，产生特定电信号的输出，再经过数字处理可计算出位置和速度信息。

通过计算每秒光电编码器输出脉冲的个数就能反映当前电动机的转速。此外，为判断旋转方向，码盘还可提供相位相差 90°的两路脉冲信号。其结构如图 5 – 15 所示。

玻璃码盘从外往里分为三环，依次为 A 环、B 环、Z 环，各部分黑色部分不透明，白色部分可通过光线，玻璃码盘与转子同轴转动。

输出信号为一串脉冲，每一个脉冲对应一个分辨角 α，对脉冲进行计数 N，就是对 α 的累加，即角位移 $\theta = \alpha N$。

$\alpha = 360°/$条纹数，即 $\alpha = 360°/1\,024 = 0.352°$。

如：$\alpha = 0.352°$，脉冲 $N = 1\,000$，则 $\theta = 0.352° \times 1\,000 = 352°$。

（2）用信号 A、B 辨别方向。

光敏元件所产生的信号 A、B 彼此相差 90° 相位，用于辨向，如图 5 - 15 所示。

当码盘正转时，A 信号超前 B 信号 90°；当码盘反转时，B 信号超前 A 信号 90°。因此，通过判断 A、B 的相位情况就可以判断码盘的方向。

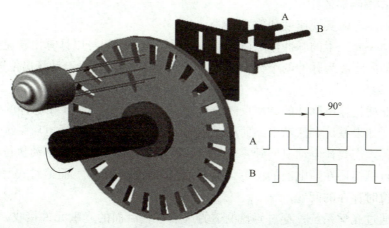

图 5 - 15　增量式光电编码器码盘方向的辨别

（3）信号 Z 用于零标志（一转脉冲）。

在码盘里圈，还有一条狭缝 Z，每转能产生一个脉冲，该脉冲信号又称"一转信号"或零标志脉冲，作为测量的起始基准，如图 5 - 16 所示。零标志在数控机床上的数控系统工作方式开关中的应用是回参考点的功能，按下回参考点的开关，自动回到 X、Y、Z 轴的参考点。

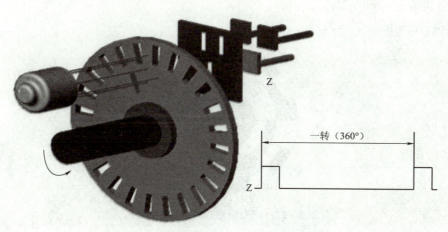

图 5 - 16　增量式光电编码器码盘的零标志

（4）分辨率与倍频电路。

一个脉冲对应的转角表示码盘的分辨率和静态误差，所以码盘的分辨率首先取决于码盘转一周所产生的脉冲数。脉冲数与圆盘刻的窄缝数成正比。码盘直径越大，窄缝越多，码盘的分辨率和精度越高。分辨率又称位数、脉冲数，对于增量型编码器而言就是轴旋转一圈编码器输出的脉冲个数；对于绝对型编码器来说，相当于把一圈360°等分成多少份，如分辨率是131 072 p/r，则等于把一圈360°等分成了131 072 份，每旋转2.74′左右输出一个码值。

码盘转一个节距，只输出 1 个脉冲。对上述电路进行改进，可得到 2 倍、4 倍、8 倍……的脉冲个数，相应地一个脉冲代表的角位移就变为原来的1/2、1/4、1/8……从而明显提高了分辨率。具有这种功能的电路称为倍频电路或电子细分电路。

（5）增量式编码器的作用。

增量式编码器可以实现速度和位置反馈。

编码器转动一周产生的脉冲数除以转动一周所需要的时间可以计算出转速。

工作台移动的距离为脉冲的个数乘以脉冲当量（如 2 μm）可以计算出位置。

2）绝对式编码器

增量编码器通过输出脉冲的频率反映电动机的转速，通过 A、B 相脉冲的相位关系反映电动机的转向。如果系统突然断电，而相对脉冲个数未储存，再次通电后系统无法知道执行机构的当前位置，需要让电动机回到零位重新开始并检测位置，即使移动执行机构，通电后系统会认为执行机构还在断电前的位置，继续工作时会出现困难。而绝对式编码器可以解决增量编码器测位时存在的问题。

光源的光通过光学系统，穿过码盘的透光区被窄缝后面的光敏元件接收，输出为"1"；若被不透明区遮挡，光敏元件输出为"0"。各个码道的输出编码组合就表示码盘的转角位置。二进制编码盘，每一个码道代表二进制的一位，最外层的码道为二进制的最低位，因为最低位的码道要求分割的明暗段数最多，而最外层周长最大，容易分割。

输出 n 位二进制编码，每一个编码对应唯一的角度。0000 代表 0°，0001 代表 22.5°，0010 代表 45°，1111 代表 337.5°，如图 5-17 所示。

4 个电刷导电为"1"，非导电为"0"。

最小分辨角 $\alpha = 360°/2^n$。

当 $n = 4$，$\alpha = 360°/2^4 = 22.5°$。

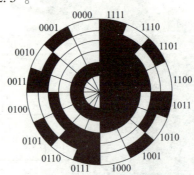

图 5-17 绝对增量式编码器的码盘

3）各种编码器的比较

（1）增量式编码器的特点。

增量式编码器精度高（可用倍频电路进一步提高精度），体积较小，开机后先要寻零；在脉冲传输过程中，若由于干扰而丢失脉冲或窜入脉冲时将会产生误差，此误差不会自行消除。

（2）绝对式编码器的特点。

可以直接读出角度坐标的绝对值，没有累积误差；电源切除后位置信息不会丢失；通电开机时立刻就能显示出绝对转角位置，不必"寻零"；结构复杂，几何尺寸略大，价格贵。

（3）混合式编码器的特点。

混合式编码器的基本结构是绝对值码盘，内部也具有增量码盘的结构。但码道较少，精度较低，起"粗测"作用，而增量码盘部分起到"精测"作用。

从码盘输出到信号处理装置是模拟信号，抗干扰能力优于纯光电增量码盘的脉冲信号。一通电就知道绝对位置，不必"寻零"。此类编码器采用增量码盘结构，可对输出信号进行倍频处理提高精度，体积要比同精度的纯绝对值码盘小。

3. 伺服驱动器的面板介绍与接线

伺服驱动器的品牌很多，有日本的发那科、松下，德国的西门子等。图 5 - 18 所示为一些常见的伺服驱动器及电动机。

（a）

（c）   （d）

图 5 - 18　一些常见的伺服驱动器及电动机

（a）西门子 SINAMIC 120 型驱动器；（b）西门子 1FK7 交流伺服电动机；

（c）松下伺服驱动器及伺服电动机；（d）FANUCαi 系列驱动器

1）松下伺服驱动器面板与接线端子

在 YL－158－G 设备中，采用了松下 MHMD022P1U 永磁同步交流伺服电动机，及 MADDT1207003 全数字交流永磁同步伺服驱动装置作为位置控制的实训项目。

MHMD022P1U 的含义：MHMD 表示电动机类型为大惯量，02 表示电动机的额定功率为 200 W，2 表示电压规格为 200 V，P 表示编码器为增量式编码器，脉冲数为 2 500 p/r，分辨率为 10 000，输出信号线数为 5。

MADDT1207003 的含义：MADDT 表示松下 A4 系列 A 型驱动器，T1 表示最大瞬时输出电流为 10 A，2 表示电源电压规格为单相 200 V，07 表示电流监测器额定电流为 7.5 A，003 表示脉冲控制专用。松下伺服驱动器的面板与接线端子如图 5－19 所示。

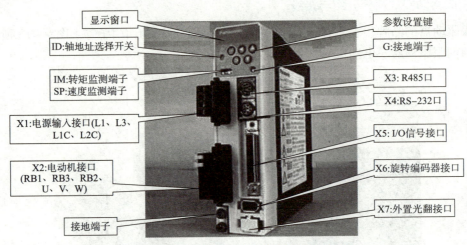

显示窗口
ID:轴地址选择开关
IM:转矩监测端子
SP:速度监测端子
X1:电源输入接口(L1、L3、L1C、L2C)
X2:电动机接口(RB1、RB3、RB2、U、V、W)
接地端子

参数设置键
G:接地端子
X3: R485口
X4:RS-232口
X5: I/O信号接口
X6:旋转编码器接口
X7:外置光翻接口

图 5－19　松下伺服驱动器的面板与接线端子

2）接线

MADDT1207003 伺服驱动器面板上有多个接线端口，其中：

X1：电源输入接口，AC 220 V 电源连接到 L1、L3 主电源端子，同时连接到控制电源端子 L1C、L2C 上。

X2：电动机接口和外置再生放电电阻器接口。U、V、W 端子用于连接电动机。必须注意，电源电压务必按照驱动器铭牌上的指示，电动机接线端子（U、V、W）不可以接地或短路，交流伺服电动机的旋转方向不像感应电动机那样可以通过交换三相相序来改变，而是必须保证驱动器上的 U、V、W、E 接线端子与电动机主回路接线端子按规定的次序一一对应，否则可能造成驱动器的损坏。电动机的接线端子和驱动器的接地端子以及滤波器的接地端子必须保证可靠地连接到同一个接地点上，机身也必须接地。RB1、RB2、RB3 端子是外接放电电阻，MADDT1207003 的规格为 100 Ω/10 W，YL－158－G 没有使用外接放电电阻。

X6：连接到电动机编码器信号接口，连接电缆应选用带有屏蔽层的双绞电缆，屏蔽层应接到电动机侧的接地端子上，并且应确保将编码器电缆屏蔽层连接到插头的外壳（FG）上。

X5：I/O 控制信号端口，其部分引脚信号定义与选择的控制模式有关，不同模式下的接线请参考《松下 A 系列伺服电动机手册》。YL－158－G 设备中，伺服电动机用于定位控制，选用位置控制模式，所采用的是简化接线方式，如图 5 - 20 所示。

3）伺服驱动器的参数设置

松下的伺服驱动器有七种控制运行方式，即位置控制、速度控制、转矩控制、位置/速度控制、位置/转矩控制、速度/转矩控制、全闭环控制。位置方式就是输入脉冲串来使电动机定位运行，电动机转速与脉冲串频率相关，电动机转动的角度与脉冲个数相关。后面主要讲解的就是位置控制模式，模式的选择也是用参数设置的。

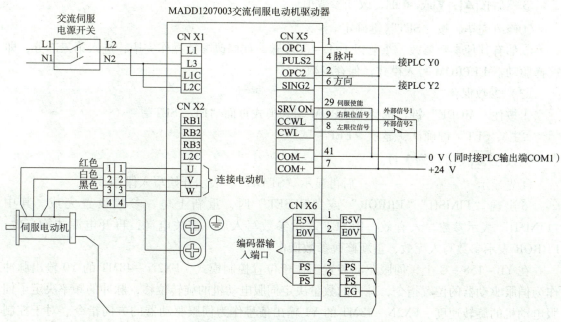

图 5 - 20　伺服驱动器电气接线图

MADDT1207003 伺服驱动器的参数共有 128 个，Pr. 00 ~ Pr. 7F，可以在驱动器上的面板上进行设置。各个按钮的说明如表 5 - 6 所示。

表 5 - 6　伺服驱动器面板各个按钮的说明

按键说明	激活条件	功能
MODE	在模式显示时有效	在以下五种模式之间切换： （1）监视器模式；（2）参数设置模式； （3）EEPROM 写入模式；（4）自动调整模式；（5）辅助功能模式
SET	一直有效	用来在模式显示和执行显示之间切换
▲ ▼	仅对小数点闪烁的那一位数据位有效	改变模式里的显示内容、更改参数、选择参数或执行选中的操作
◀		把移动的小数点移动到更高位数

参数设置步骤：

（1）进入模式。

先按"SET"键，切换至"MODE"。

（2）参数修改。

①按住"MODE"键选择到"Pr.00"后，用▲ ▼按钮，选择你要改的参数项目。

②按"SET"键进入，显示原始参数00。

③然后按▲ ▼或◀键，改变参数值。

④修改完毕，按"SET"键确定。

⑤如有其他参数要改，重复以上①~④步骤。如修改参数操作完毕，进入第三部分，即选择驱动器 EEPROM 写入模式，保存参数。

（3）参数保存。

①按住"MODE"键，选择 EEPROM 写入模式页面"EE_ SET"。

②按"SET"键确认，显示"EEP－"。

③按住▲按钮（约3 s）。

④先显示"－－－－－－"；后再显示"START"，表示开始写入保存参数。

⑤出现"FINISH""ERROR"或"RESET"时，重新上电，参数设置完成。其中"FINISH"表示参数写入有效；RESET 表示参数写入后，需关电源，再开电源才能有效；ERROR 表示参数写入无效，重新修改参数操作。

在 YL－158－G 上，伺服驱动装置工作于位置控制模式，FX2N－48MT 的 Y0 输出脉冲作为伺服驱动器的位置指令，脉冲的数量决定伺服电动机的旋转位移，脉冲的频率决定了伺服电动机的旋转速度。FX2N－48MT 的 Y1 输出信号作为伺服驱动器的方向指令。对于控制要求较为简单，伺服驱动器可采用自动增益调整模式。根据上述要求，伺服驱动器参数设置如表5－7所示。

表5－7　伺服驱动器参数设置

序号	参数		设置数值	功能和含义
	参数编号	参数名称		
1	Pr. 01	LED 初始状态	1	显示电动机转速
2	Pr. 02	控制模式	0	位置控制（相关代码 P）
3	Pr. 04	行程限位禁止输入无效设置	1	当左或右限位动作，则会发生 Err38 行程限位禁止输入信号出错报警。设置此参数值必须在控制电源断电重启之后才能修改、写入成功
4	Pr. 20	惯量比	1 678	该值自动调整得到，具体请参考模式 AII
5	Pr. 21	实时自动增益设置	1	实时自动调整为常规模式，运行时负载惯量的变化情况很小
6	Pr. 22	实时自动增益的机械刚性选择	1	此参数值设得越大，响应越快

序号	参数		设置数值	功能和含义
	参数编号	参数名称		
7	Pr. 41	指令脉冲旋转方向设置	0	指令脉冲 + 指令方向。设置此参数值必须在控制电源断电重启之后才能修改、写入成功
8	Pr. 42	指令脉冲输入方式	3	指令脉动 + 指令方向 PULS SIGH H高电平 H低电平
9	Pr. 48	指令脉冲分倍频第 1 分子	10 000	每转所需指令脉冲数 = 编码器分辨率 × $\dfrac{Pr. 4B}{Pr. 48 \times 2^{Pr. 4A}}$ 现编码器分辨率为 10 000（2 500 p/r × 4），参数设置如表，则
10	Pr. 49	指令脉冲分倍频第 2 分子	0	每转所需指令脉冲数 = $10\,000 \times \dfrac{Pr. 4B}{Pr. 48 \times 2^{Pr. 4A}}$
11	Pr. 4A	指令脉冲分倍频分子倍率	0	$= 10\,000 \times \dfrac{5\,000}{10\,000 \times 2^0} = 5\,000$
12	Pr. 4B	指令脉冲分倍频分母	5 000	

【子任务 1】伺服电动机控制工作台直线运动

【任务要求】

利用 PLC 控制伺服驱动器来驱动伺服电动机运转，从而带动工作台移动。

控制要求如下：按下启动按钮后，丝杆带动工作台从 A 位置向右移动（正转），当移动 30 mm 后停止 2 s，然后往左（反转）返回，当到达 A 位置，限位开关 SQ1 动作，工作台停止 2 s，又往右运动，如此往复。

按下停止按钮，工作台停止移动。

要求工作台速度为 10 mm/s，已知丝杆的螺距为 5 mm。

【任务分析】

1. 控制电路图（图 5 – 21）

伺服电动机控制电路图如图 5 – 21 所示。

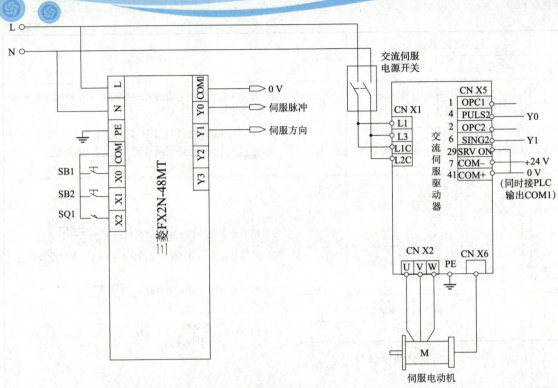

图 5-21　伺服电动机控制电路图

2. 参数设置

参数的设置按表 5-7 设定即可。

（1）由于 PLC 输出脉冲信号频率为 10 000，1 s 输出 10 000 个脉冲进入伺服驱动器，工作台的移动速度是 $10 \times 3 = 30$（mm），那时间是 3 s，共有 30 000 个脉冲。

工作台移动 30 mm，由于丝杆的螺距为 5 mm，伺服电动机转动 6 圈，丝杆也转动 6 圈，由于伺服驱动器的 PP 端输入 30 000 个脉冲信号，30 000/6 = 5 000（个）脉冲信号，所以 Pr.4B 的参数设定为 5 000，表示电动机旋转一周需要的指令脉冲数。

（2）Pr.02 的参数设置控制模式，0 表示位置控制模式。

（3）Pr.04 表示行程限位禁止输入无效设置，设置为 1。

3. 流程图

伺服电动机工作台往返定位运行控制流程图如图 5-22 所示。

4. 梯形图的编写

梯形图如图 5-23 所示，梯形图的分析如下。

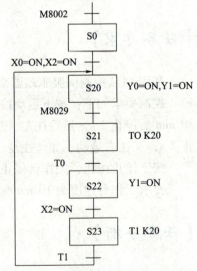

图 5-22　伺服电动机工作台往返定位运行控制流程图

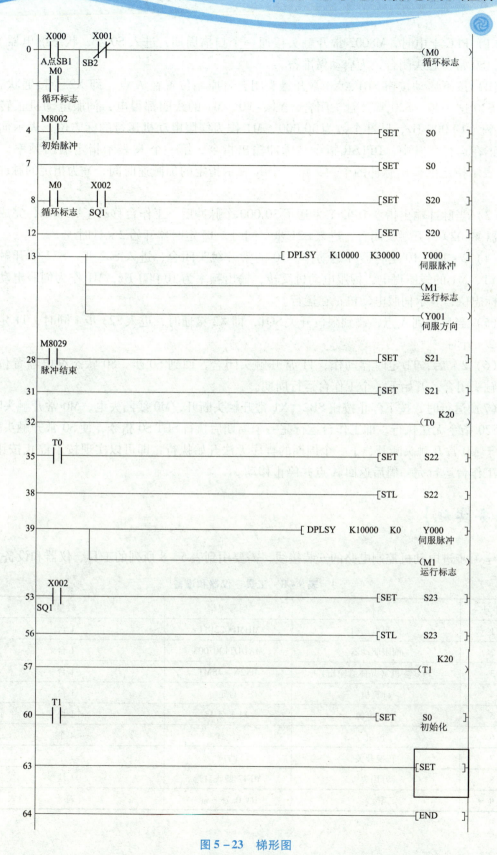

图 5-23 梯形图

171

（1）PLC 上电时，M8002 常开触头接通一个扫描周期，进入 S0 步，状态继电器 S0 被置位，S0 常开触头闭合，为启动做准备。

（2）按下启动按钮 SB1，X0 常开触头闭合且原始位置在 A 点，即 X2 为接通状态时，进入 S20 这一步。S20 常开触头闭合，Y1、Y0、M1 的线圈都得电，伺服电动机正转，输出频率为 10 000 Hz，脉冲个数为 30 000，M1 作为伺服电动机运行的标志位，表示伺服电动机正在运行。其中，DPLSR 指令是脉冲输出指令，第一个 K 表示指定输出频率，第二个 K 表示指定的输出脉冲的个数，第三个 K 表示指定的加减速时间，Y 为指定的脉冲输出端子。

（3）当脉冲输出指令 DPLSY 发送了 30 000 个脉冲后，工作台移动了 30 mm，完成标志继电器 M8029 常开触头闭合，进入 S21 步。同时，T0 定时器开始 2 s 计时。

（4）2 s 后，T0 定时器开始动作，T0 的常开触头闭合，进入 S22 步。S22 常开触头闭合，Y1、M1 的线圈得电，伺服电动机反转，输出频率为 10 000 Hz，M1 作为伺服电动机运行的标志位，表示伺服电动机正在运行。

（5）当反转到 A 点，碰到限位开关 SQ1，即 X2 接通时，进入 S23 步。同时，T1 定时器开始 2 s 计时。

（6）2 s 后，T1 定时器动作，T1 常开触头闭合，回到 S0 步，S0 状态继电器置位，S0 常开触头闭合，开始下一个工作台运行周期。

（7）运行时，按下停止按钮 SB2，X1 常开触头断开，M0 线圈失电，M0 常开触头断开，SET S20 指令无法执行，即工作台运行完一个周期后执行 SET S0 指令，使 S0 常开触头闭合，但由于 M0 常开触头断开，下一个周期的程序无法开始执行，即可以实现按下停止按钮 SB2 后，工作台运行完一周后返回 A 点并停止移动。

【任务实施】

学习步进电动机控制电路的安装接线，需要用到表 5 - 8 所列的工具、仪器和设备。

表 5 - 8 工具、仪器和设备

序号	名称	型号规格	数量
1	伺服电动机	MHMD022P1U	1 台
2	伺服驱动器	MADDT1207003	1 台
3	PLC 主机（晶体管输出）	FX2N - 48MT	1 台
4	计算机	自定	1 台
5	开关电源	24 V/5 V	1 块
6	按钮	红/绿	4 个
7	转换开关	两位	1 个
8	万用表	MF47 型或自选	1 块
9	导线	RV 0.75 mm^2	若干

实施步骤：

1. 电气元件的安装与固定

（1）清点检查器材、元件。

（2）设计步进电动机控制电路电气元件布置图。

（3）根据电气安装工艺规范安装固定元器件。

2. 电气控制电路的连接

（1）根据如图 5 – 24 所示原理图绘制伺服电动机控制接线图。

（2）按照电气安装工艺规范实施电路布线连接，包括各电气元件与走线槽之间的外露导线，应合理走线，并尽可能做到横平竖直，垂直变换走向；所有的接线端子，导线头上都应该套有与电路图上相应接线号一致的编码套管，连接必须牢固。

3. 程序编写

（1）熟练使用 PLC 编程软件进行编程。

（2）空载时，下载程序、调试程序。

4. 带负载通电调试及排故

（1）安装完毕的控制电路板，必须按要求认真进行检查，确保接线无误后才允许通电试车。

（2）经指导教师复查认可，具有教师在场监护的情况下才可以带负载通电试验。

（3）若在校验过程中出现故障，学生应独立排除故障。

（4）根据任务要求，完成测试报告。

【任务评价】

任务评价如表 5 – 9 所示。

表 5 – 9 任务评价

班级				姓名		
序号	考核项目	考核要求	配分	评分标准		得分
1	电路图分析	装调思路	10	思路清晰，得 10 分，其他情况酌情扣分		
2		电气元件位置	10	电气元件位置安装合理得 10 分，其他情况酌情扣分		
3	电路装调	参数的设置	10	设置参数的方法不正确，一处扣 5 分		
4		电路接线	15	接线不正确，一处扣 10 分，其他酌情扣分		
5		程序的编制	15	程序正确得 15 分，其他酌情扣分		
6		整机的调试	20	整机调试成功得 20 分，其他酌情扣分		

续表

	班级				姓名	
序号	考核项目	考核要求	配分	评分标准		得分
7	安全文明生产	出现短路或触电	10	出现短路或触电扣10分		
8		仪器、仪表使用	10	仪器、仪表使用正确得10分，其他酌情扣分		
	工时	工时2 h，不允许超时，每超10 min扣5分，最多可延时30 min				
合计			100			

【子任务2】伺服电动机控制分度盘移位角

【任务要求】

本任务用伺服电动机控制工业控制中分度盘360°旋转，该系统有手动控制模式和自动控制模式，手动、自动切换由SA控制。

自动控制模式要求：

按一下启动按钮SB1，启动伺服控制系统，分度盘以每秒顺时针旋转90°，停2 s自动循环控制。按一下停止按钮SB2，分度盘转完本次90°后停止循环，再次按启动按钮SB1可以继续循环控制。

手动控制模式要求如下：

按下正转按钮SB3，分度盘以30°/s的转速顺时针旋转，松开SB3，分度盘停止。按下反转按钮SB4，分度盘以30°/s的转速顺时针旋转，松开SB4，分度盘停止。

注：伺服电动机直驱分度盘，参数设置3 600个脉冲伺服轴转一圈，任何时候切换模式，分度盘立即停止旋转。

【任务分析】

1. 控制电路图

伺服移位角控制接线图如图5-24所示。

2. 参数设置

参数的设置按表5-7设定的即可。

（1）自动模式时分度盘以90°/s的速度旋转，已知3 600个脉冲伺服轴转一圈，所以PLC输出脉冲信号频率为900 Hz，1 s输出900个脉冲进入伺服驱动器，分度盘正好旋转90°。

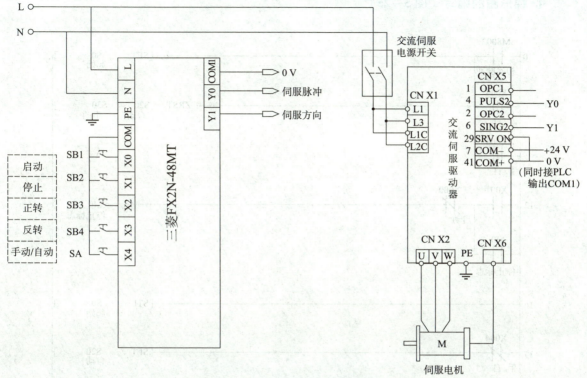

图 5 – 24　伺服移位角控制接线图

（2）手动模式时分度盘以 30°/s 的速度旋转，已知 3 600 个脉冲伺服轴转一圈，所以 PLC 输出脉冲信号频率为 300 Hz，1 s 输出 300 个脉冲进入伺服驱动器，分度盘正好旋转 30°。

（3）Pr.4B 的参数的设定为 3 600，表示电动机旋转一周需要的指令脉冲数；Pr.02 的参数设置控制模式，0 表示位置控制模式；Pr.04 表示行程限位禁止输入无效设置，设置为 1。

3. I/O 分配

I/O 分配如表 5 – 10 所示。

表 5 – 10　I/O 分配

输入元件		输出元件	
输入地址	功能分配	输出地址	功能分配
X0	SB1（启动）	Y0	脉冲输出
X1	SB2（停止）	Y1	方向输出
X2	SB3（手动顺时针）	—	—
X3	SB4（手动逆时针）	—	—
X4	SA（手动/自动）	—	—

4. 梯形图的编写（图5-25）

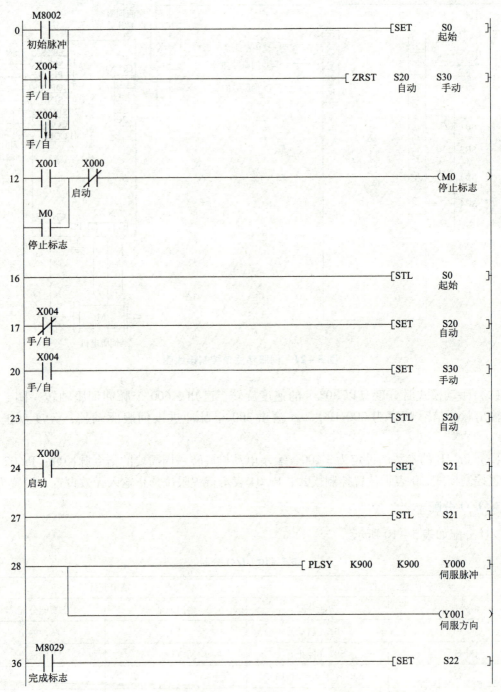

图5-25　梯形图

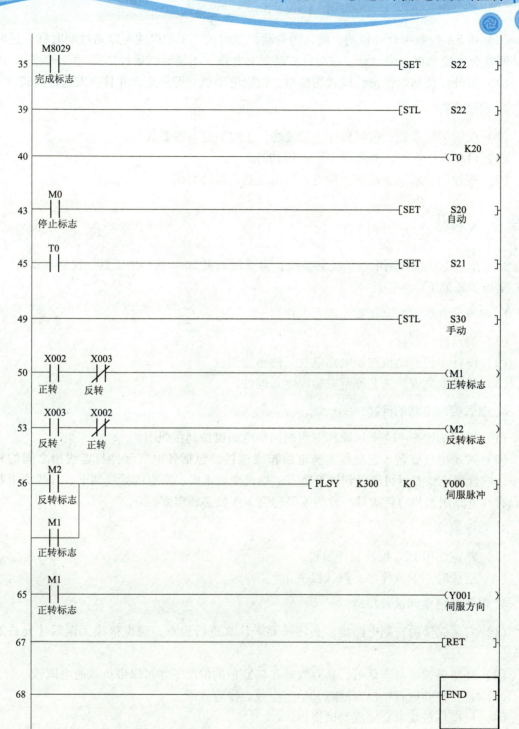

图 5-25 梯形图（续）

5. 梯形图的功能分析

（1）由于控制分度盘以 360° 的角度定位控制（精度为 1°），所以需将伺服驱动器设置成 3 600 个脉冲伺服电动机旋转一周，即伺服电动机旋转 1° 需要 10 个脉冲。

（2）由 SA 控制手动和自动，默认为自动控制模式，手动模式可以通过顺时针、逆时针点动调整分度盘角度，顺时针、逆时针控制要有互锁，不能同时运行。

（3）另外，任何时候进行模式切换时，伺服电动机立即停止，并且进入选定模式。

6. 调试步骤

（1）设置伺服参数：按接线图完成接线，上电后进行参数设置。

（2）PLC 程序编写，并将程序下载到 PLC。

（3）按控制要求调试功能，检查运行角度是否符合要求。

【任务实施】

学习步进电动机控制电路的安装接线，需要用到表 5 - 8 所列的工具、仪器和设备。实施步骤如下。

1. 电气元件的安装与固定

（1）清点检查器材、元件。

（2）设计步进电动机控制电路电气元件布置图。

（3）根据电气安装工艺规范安装固定元器件。

2. 电气控制电路的连接

（1）根据如图 5 - 24 所示原理图绘制伺服电动机控制接线图。

（2）按照电气安装工艺规范实施电路布线连接，包括各电气元件与走线槽之间的外露导线，应合理走线并尽可能做到横平竖直，垂直变换走向；所有的接线端子、导线头上都应该套有与电路图上相应接线号一致的编码套管，连接必须牢固。

3. 程序编写

（1）熟练使用 PLC 编程软件编程。

（2）空载时，下载程序、调试程序。

4. 带负载通电调试及排故

（1）安装完毕的控制电路板，必须按要求认真进行检查，确保接线无误后才允许通电试车。

（2）经指导教师复查认可，具有教师在场监护的情况下才可以带负载通电试验。

（3）若在校验过程中出现故障，学生应独立排除故障。

（4）根据任务要求，完成测试报告。

【任务评价】

任务评价如表 5 - 11 所示。

表 5 - 11　任务评价

序号	考核项目	考核要求	配分	评分标准	得分
班级				姓名	
1	电路图分析	装调思路	10	思路清晰，得 10 分，其他情况酌情扣分	
2		电气元件位置	10	电气元件位置安装合理得 10 分，其他情况酌情扣分	
3	电路装调	参数的设置	10	设置参数的方法不正确，一处扣 5 分	
4		电路接线	15	接线不正确，一处扣 10 分。其他酌情扣分	
5		程序的编制	15	程序正确得 15 分，其他酌情扣分	
6		整机的调试	20	整机调试成功得 20 分，其他酌情扣分	
7	安全文明	出现短路或触电	10	出现短路或触电扣 10 分	
8		仪器、仪表使用	10	仪器、仪表使用正确得 10 分，其他酌情扣分	
	工时	工时 2 h，不允许超时，每超 10 min 扣 5 分，最多可延时 30 min			
合计			100		

【任务拓展】

伺服电动机工业控制中，分度盘以 360°旋转，该系统有手动控制模式和自动控制模式，手动、自动切换由触摸屏"手动/自动"按钮控制。

自动控制模式要求如下：

按下启动按钮 SB1 或触摸屏启动按钮，启动伺服控制系统，分度盘以时钟秒表方式顺时针旋转，即 0.5 s 旋转 6°，0.5 s 停止在行动到位的角度上，自动循环控制。按下停止按钮 SB2 或触摸屏停止按钮，指针停止。

手动控制模式要求如下：

（1）在触摸屏画面上输入分度盘的移位角，选择分度盘的旋转方向，移位角度能在 1°~360°之间任意设置（精度 1°）。按一下触摸屏启动按钮，分度盘按设定要求旋转，到位后停止，若中途按下触摸屏停止按钮，分度盘立即停止，再次按下触摸屏启动按钮，重新开始旋转。

（2）按下触摸屏手动顺时针按钮或按下 SB3 按钮，分度盘顺时针旋转；按下触摸屏手动逆时针按钮或按下 SB4 按钮，分度盘逆时针旋转；松开按钮时，分度盘立即停止，旋转频率在触摸屏上设置。

注：伺服电动机与分度盘减速比为 1:30。

项目六　常用电动机的综合控制

项目描述

本项目通过三个典型的工作任务，实现 PLC 对常用电动机，如三相交流异步电动机星三角启动、三相交流异步电动机双速、三相交流异步电动机变频调速、直流电动机的调速、步进电动机、伺服电动机等的综合控制。

学习目标

知识目标

（1）通过之前所学知识巩固三相交流异步电动机、直流电动机、步进电动机、伺服电动机的控制方法。

（2）通过之前所学知识巩固直流调速器、变频器、步进驱动器、伺服驱动器参数设置方法。

（3）通过之前所学知识巩固 PLC 各指令的应用与编程方法。

能力目标

（1）学会正确对综合控制电路安装、接线。

（2）能够正确设置直流调速器、变频器、步进驱动器、伺服驱动器参数。

（3）能够正确进行综合控制电路的调试。

（4）能够掌握检测、判断综合控制电路故障。

任务一　半自动槽加工设备的控制

【任务要求】

一台半自动加工的专用设备，主要对某种工件进行槽加工。设备工作过程如图 6 – 1 所示。设备由一台型号为 YS501 的三相异步电动机 M1（主轴电动机），一台型号为 YS5024 的不带离心开关的三相异步电动机 M2（主轴左右移动）以及伺服电动机 M3（主轴上下移动）构成，其电气控制原理图如图 6 – 2 所示。另外设备还安装了触摸屏，对设备进行运行监视和控制。

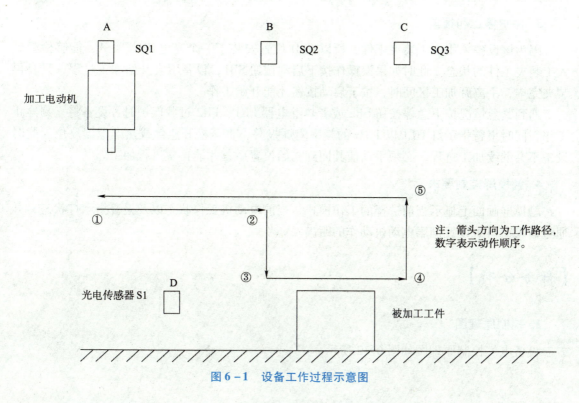

图 6 – 1　设备工作过程示意图

1. 设备状态选择

设备有金属加工及塑料加工两种工作模式，两种模式由控制柜面板上的两位转换开关来选择，在左位时为金属加工模式，在右位时为塑料加工模式。选择相应模式时，按下启动按钮，则按相应的模式工作，并且模式的转换在设备工作过程中无效，只有设备停止工作后才能生效。

2. 正常运行

加工电动机在 A 位置（SQ1 动作）时，按照被加工工件的材质选择好模式，按下启动按钮 SB1，加工电动机由 M2 电动机带动以 40 Hz 的速度正转运行（顺时针），由 A 向 B 位置前进。当到达 B 位置（SQ2 动作）时，M2 电动机停止，同时 M1 电动机带动主轴低速启动正转（顺时针旋转），1 s 后 M1 电动机转为高速正转。在 M1 电动机转为高速的同时，M3 伺服电动机顺时针启动运行，带动加工电动机向下移动，移动距离根据工件加工要求由触摸屏设置，移动速度为 10 mm/s（初始默认设置为 50 mm，即伺服电动机转动 5 圈，伺服电动机转动一圈需要 2 000 个脉冲）。伺服电动机向下移动到位后，M2 电动机以工进速度（金属工件 10 Hz，塑料工件 20 Hz，金属和塑料加工模式仅此区别）正向运行，带动加工电动机右行至 C 位置（SQ3 动作）后停止。M2 停止的同时，M3 伺服电动机逆时针启动，带动加工电动机向上移动（移动距离等于下降的距离）。上升到位后，M1 电动机立刻停止，同时 M2 电动机再次启动，以 50 Hz 的速度反转运行（逆时针）带动加工电动机左行至 A 位置（SQ1 动作）停止，回到初始位置，整个加工过程结束。加工结束后，需人工重新装夹工件，并按照材质转换模式后，按启动按钮 SB1 再次进行加工，过程如前述重复。

3. 保护停止和报警

因为该设备采用人工装夹工件，所以在 D 位置安装了一个光电传感器 S1，能够检测到人工装夹工件的状态。此时如果误操作按下启动按钮 SB1，设备不会开始加工过程，只有再装夹完毕，手离开加工区间时，按下启动按钮才能开始工作。

遇到紧急情况按下急停按钮 SB2 或者热继电器 FR1、FR2 过载保护时，设备将立刻停止工作，同时报警指示灯 HL1 以 1 Hz 的频率闪烁报警，直至松开急停或热继电器复位。此时设备不会继续加工过程，必须手动使其回到初始位置后，才能再次进行加工。

4. 触摸屏控制要求

触摸屏画面上显示当前选择的工作模式、当前电动机工作状态以及报警指示灯状态，并通过输入窗口可设置伺服电动机动作的距离。

【任务分析】

1. 控制原理图

设备电气控制原理图如图 6-2 所示。

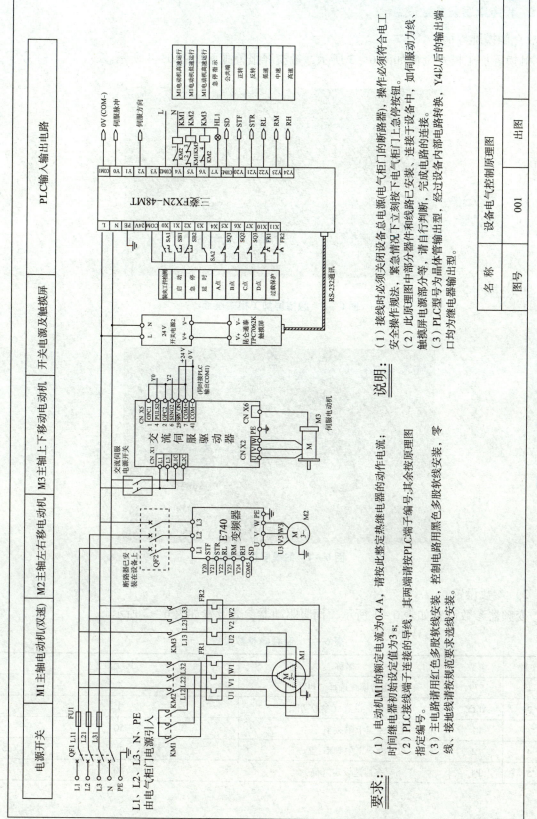

图6-2　设备电气控制原理图

2. 程序编写及参数设置

1）触摸屏界面

触摸屏加工模式画面如图6-3所示，触摸屏报警画面如图6-4所示。

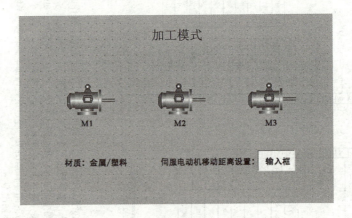

图6-3　触摸屏加工模式画面

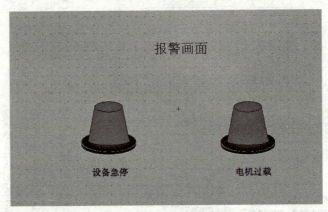

图6-4　触摸屏报警画面

2）参数设置

变频器参数设置如表6-1所示，伺服驱动器参数设置如表6-2所示。

表6-1　变频器参数设置

序号	参数	名称	设定值
1	P79	运行模式选择"PU"	1
2	ALLC	恢复出厂设置（参数清除）	1
3	P1	上限频率	50
4	P2	下限频率	0
5	P4	多段速设定（高）	40

序号	参数	名称	设定值
6	P5	多段速设定（中）	10
7	P6	多段速设定（低）	20
8	P7	加速时间	1
9	P8	减速时间	1
10	P24	多段速设定（4 段速）	50
11	P79	运行模式选择"EXT"	2

表 6 – 2　伺服驱动器参数设置

序号	参数		设置数值
	参数编号	参数名称	
1	Pr. 01	LED 初始状态	1
2	Pr. 02	控制模式	0
3	Pr. 04	行程限位禁止输入无效设置	1
4	Pr. 20	惯量比	1 678
5	Pr. 21	实时自动增益设置	1
6	Pr. 22	实时自动增益的机械刚性选择	1
7	Pr. 41	指令脉冲旋转方向设置	0
8	Pr. 42	指令脉冲输入方式	3
9	Pr. 48	指令脉冲分倍频第 1 分子	10 000
10	Pr. 49	指令脉冲分倍频第 2 分子	0
11	Pr. 4A	指令脉冲分倍频分子倍率	0
12	Pr. 4B	指令脉冲分倍频分母	2 000

3）参考程序及注释

参考程序梯形图如图 6 – 5 所示。

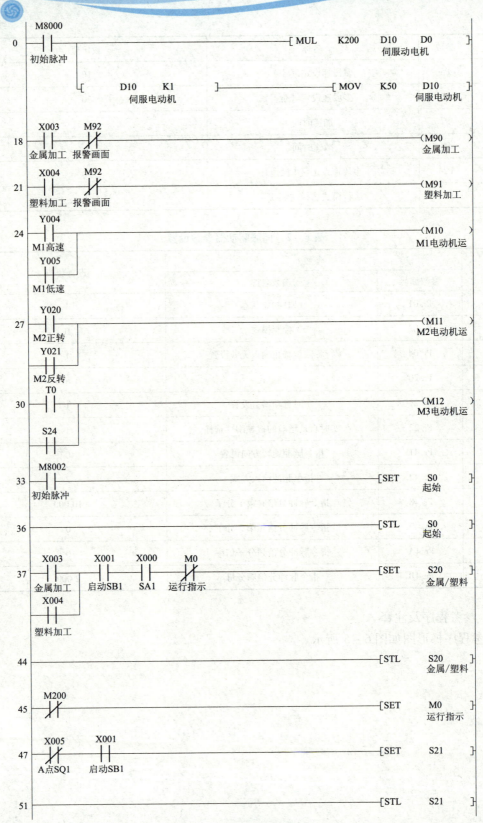

图 6-5　参考程序梯形图

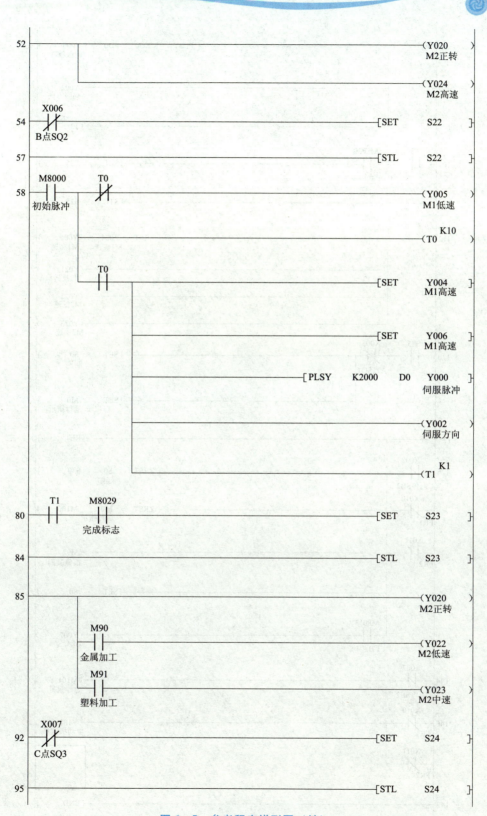

图 6-5 参考程序梯形图（续）

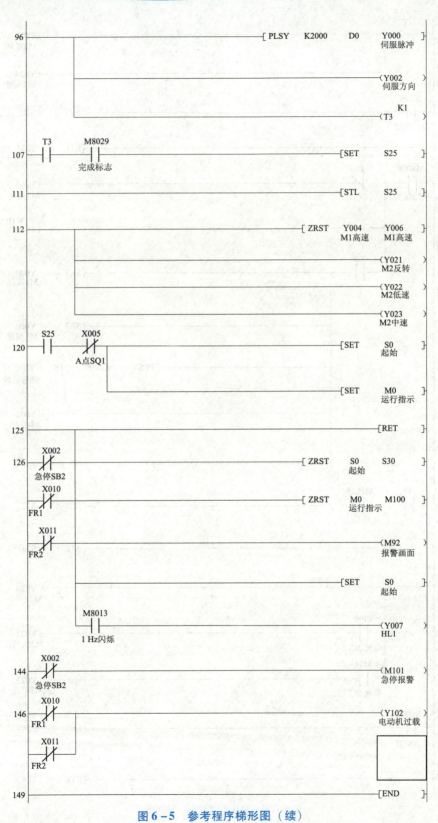

图 6－5　参考程序梯形图（续）

　　学习半自动槽加工设备控制电路的安装接线，需要用到表6-3所列的工具、仪器和设备。

表6-3　工具、仪器和设备

序号	名称	型号规格	数量
1	伺服电动机	MHMD022P1U	1台
2	伺服驱动器	MADDT1207003	1台
3	PLC主机（晶体管输出）	（Y4-Y27）+10 A继电器	1台
4	变频器	F740 0.75 kW	1台
5	断路器	DZ47LE-63 C25 3P+N	1个
6	交流接触器	自定	3台
7	热继电器	自定	2台
8	行程开关	自定	3个
9	按钮	自定	2个
10	转换开关	2位	2个
11	指示灯	220 V	1个
12	计算机	自定	1台
13	开关电源	24 V/5 V	1块
14	熔断器	RT18-63X 3P　16 A	1个
15	三相异步电动机	双速/Y-△	1台/1台
16	万用表	MF47型或自选	1块
17	导线	RV 0.75 mm²	若干

实施步骤如下。

1. 电气元件的安装与固定

（1）清点检查器材元件。

（2）设计控制电路电气、元件布置图。

（3）根据电气安装工艺规范安装、固定元器件，如图6-6所示。

（a）　　　　　　　　　　　　　（b）

图6-6　元器件布局

2. 电气控制电路的连接

（1）根据如图 6 − 2 所示原理图接线。

（2）按照电气安装工艺规范实施电路布线连接，包括各电气元件与走线槽之间的外露导线，应合理走线并尽可能做到横平竖直，垂直变换走向；所有的接线端子、导线头上都应该套有与电路图上相应接线号一致的编码套管，连接必须牢固，如图 6 − 7 所示。

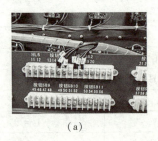  

| （a） | （b） | （c） |

图 6 − 7 工艺规范

3. 程序编写

1）熟练使用 PLC 编程软件编程。

2）空载时，下载程序、调试程序。

4. 带负载通电调试及排故

（1）安装完毕的控制电路板，必须按要求认真进行检查，确保接线无误后才允许通电试车。

（2）经指导教师复查认可，具有教师在场监护的情况下才可以带负载通电试验。

（3）若在校验过程中出现故障，学生应独立排除故障。

（4）根据任务要求，完成测试报告。

【任务评价】

任务评价如表 6 − 4 所示。

表 6 − 4 任务评价

班级				姓名		
序号	考核项目	考核要求	配分	评分标准		得分
1	电路图分析	装调思路	10	思路清晰，得 10 分，其他情况酌情扣分		
2		电气元件位置	10	电气元件位置安装合理得 10 分，其他情况酌情扣分		
3	电路装调	参数的设置	10	设置参数的方法不正确，一处扣 5 分		
4		电路接线	15	接线不正确，一处扣 10 分。其他酌情扣分		
5		程序的编制	15	程序正确得 15 分，其他酌情扣分		
6		整机的调试	20	整机调试成功得 20 分，其他酌情扣分		

序号	考核项目	考核要求	配分	评分标准	得分
7	安全文明	出现短路或触电	10	出现短路或触电扣10分	
8		仪器、仪表使用	10	仪器、仪表使用正确得10分，其他酌情扣分	
	工时	工时2 h，每超10 min扣5分，最多可延时30 min			
合计			100		

任务二　半自动钻床控制系统的设计

【任务要求】

该设备为一台半自动加工的专用设备，主要对某种工件进行表面钻孔加工。加工设备如图6-8所示。设备的主轴由一台型号为YS5024的不带离心开关的三相异步电动机M1拖动，设备主轴箱的移动由一台型号为YS5024的带离心开关的三相异步电动机M2通过变频器控制拖动，设备摇臂由两相混合式步进电动机M3控制其上下运动，其电气控制原理图如图6-9所示。另外设备还安装了触摸屏，对设备进行运行监视和控制。

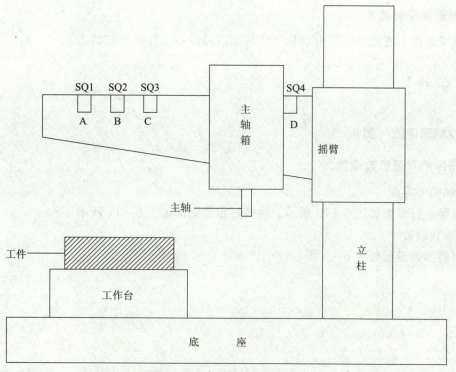

图6-8　半自动钻床示意图

191

1. 正常运行

设备上电后，自动回到初始位置（此过程不需考虑），主轴箱处于 D 点（SQ4）位置，工件装夹完成后，传感器（SA 代替）能检测到信号，此时可以按下启动按钮 SB1，此时设备工作指示灯常亮（触摸屏）。为避免意外，按下启动按钮，经过 KT 时间的延时后（初始设置为 2 s），主轴箱由 M2 电动机拖动以第 1 段速由 D 点向 C 点移动（电动机正转）；到达 C 点后，M2 电动机停止，同时主轴电动机 M1 开始星形启动，3 s 后转换为三角形启动（加工过程中主轴持续运行）；在主轴电动机转换为三角形启动的同时，摇臂由步进电动机 M3 带动开始下降 60 mm 进行钻孔加工（步进电动机正转带动下降过程，旋转一圈，带动摇臂下降 20 mm），下降到位后，随即步进电动机上升 60 mm；上升到位后，主轴箱由 M2 电动机拖动以第 2 段速由 C 点向 B 点移动（电动机正转）；到达 B 点后，再次进行钻孔加工，过程同 C 点，完成 B 点钻孔后，主轴箱由 M2 电动机拖动以第 2 段速由 B 点向 A 点移动（电动机正转）；到达 A 点后，再次进行钻孔加工，过程同 C 点，在 A 点完成钻孔，并摇臂上升到位后，主轴电动机 M1 停止，同时主轴箱由 M2 电动机拖动以第 3 段速由 A 点向 D 点移动（电动机反转），到达 D 点后，整个加工过程完成，设备工作指示灯熄灭（触摸屏），需重新装夹工件，并按下启动按钮后，才能再次进行加工。

2. 保护停止和报警

遇到紧急情况按下急停按钮 SB2 或者热继电器 FR1 过载保护时，设备将立刻停止工作，同时报警指示灯 HL1 以 1 Hz 的频率闪烁报警，直至松开急停或热继电器复位。此时设备不会继续加工过程，必须手动使其回到初始位置后，才能再次进行加工。

3. 触摸屏控制要求

触摸屏画面上能监控当前电动机工作状态以及设备工作指示灯状态。

【任务分析】

1. 控制原理图（图 6-9）

2. 程序编写及参数设置

1）触摸屏界面
触摸屏运行界面如图 6-10 所示，触摸屏报警画面如图 6-11 所示。
2）参数设置
变频器参数设置如表 6-5 所示。

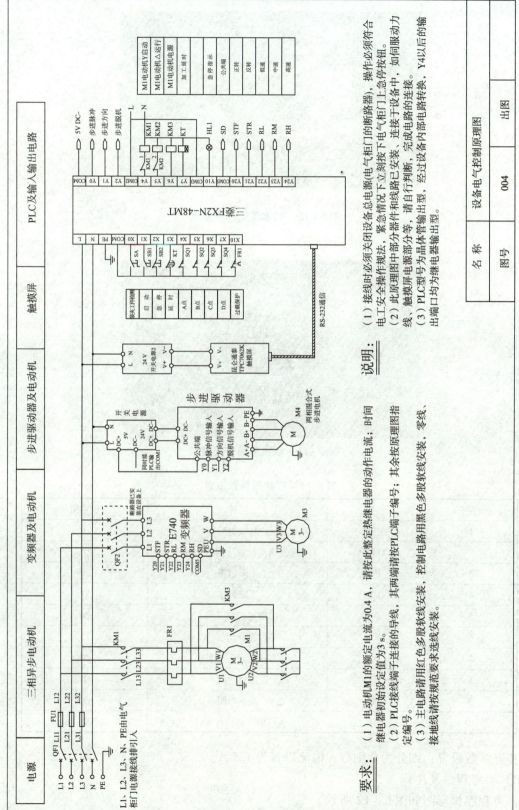

图6-9　设备电气控制原理图

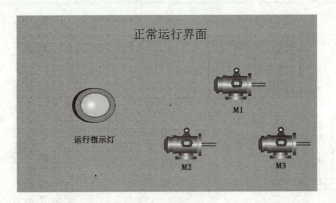

图 6-10 触摸屏运行界面

图 6-11 触摸屏报警画面

表 6-5 变频器参数设置

序号	参数	名称	设定值
1	P79	运行模式选择"PU"	1
2	ALLC	恢复出厂设置（参数清除）	1
3	P1	上限频率	50
4	P2	下限频率	0
5	P4	多段速设定（高）	30
6	P5	多段速设定（中）	15
7	P6	多段速设定（低）	40
8	P7	加速时间	1
9	P8	减速时间	1
10	P79	运行模式选择"EXT"	2

步进参数设置：细分为 2 细分；电流设置为 1.5 A。

3）参考程序及注释

参考程序梯形图如图 6-12 所示。

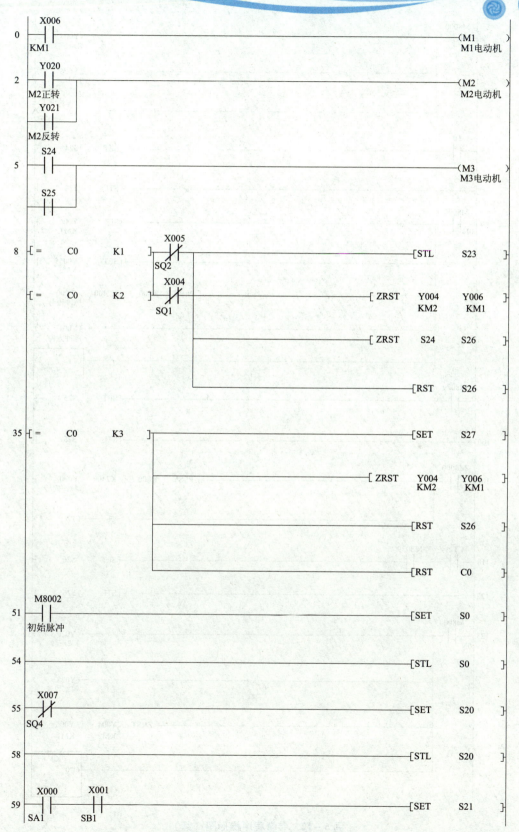

图 6 – 12　参考程序梯形图

```
         M8000
  79      ┤├─────────────────────────────────────────────(Y004    )
         0N│                                                KM2
           │
           ├─────────────────────────────────────────────(Y006    )
           │                                                KM1
           │                                                K30
           └─────────────────────────────────────────────(T0      )

          T0
  85      ┤├──────────────────────────────────────[SET    S24    ]

  88      ────────────────────────────────────────[STL    S24    ]

         M8000
  89      ┤├──────────────────────────────────────[SET    Y006   ]
         0N│                                                KM1
           │
           ├──────────────────────────────────────[SET    Y0055  ]
           │                                                KM3
           │
           ├─────────────────────────[ PLSY   K800    K2400   Y000 ]
           │                                                脉冲信号
           │
           ├──────────────────────────────────────────────(Y001    )
           │                                                脉冲方向
           │                                                  K0
           └──────────────────────────────────────────────(T1      )

         M8029
  103     ┤├──────────────────────────────────────[SET    S25    ]

  106     ────────────────────────────────────────[STL    S25    ]

         M8000
  107     ┤├──────────────────────────[ PLSY   K800    K2400   Y000 ]
         0N│                                                脉冲信号
           │                                                  K1
           └──────────────────────────────────────────────(T2      )

          T2   M8029
  118     ┤├───┤├─────────────────────────────────[SET    S26    ]

  122     ────────────────────────────────────────[STL    S26    ]

         M8000
  123     ┤├──────────────────────────────────────────────(Y020    )
         0N│                                                M2正转
           │
           ├──────────────────────────────────────────────(Y023    )
           │                                                第二段速
           │
           ├─────────────────────────[ ZRST   Y004    Y006      ]
           │                                   KM2     KM1
           │                                                  K3
           └──────────────────────────────────────────────(C0      )
```

图 6 – 12   参考程序梯形图（续）

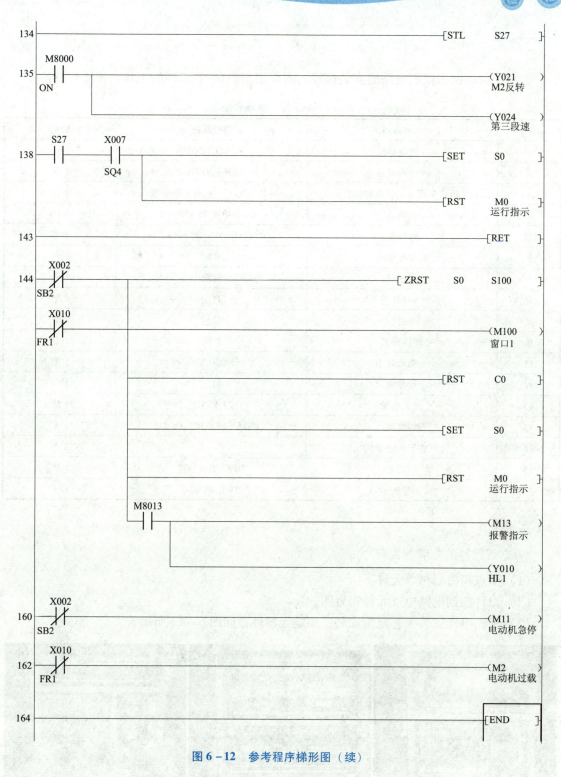

图 6 – 12 参考程序梯形图（续）

【任务实施】

学习半自动钻床控制电路的安装接线，需要用到表6-6所列的工具、仪器和设备。

表6-6　工具、仪器和设备

序号	名称	型号规格	数量
1	步进电动机	42BYGH5403	1台
2	步进驱动器	SH-20403	1台
3	PLC主机（晶体管输出）	（Y4-Y27）+10A继电器	1台
4	变频器	E740 0.75 kW	1台
5	断路器	DZ47LE-63 C25 3P+N	1个
6	交流接触器	自定	3台
7	热继电器	自定	1台
8	行程开关	自定	4个
9	按钮	自定	2个
10	转换开关	1位	1个
11	指示灯	220 V	1个
12	计算机	自定	1台
13	开关电源	24 V/5 V	1块
14	熔断器	RT18-63X 3P　16 A	1个
15	三相异步电动机	Y-△	2台
16	万用表	MF47型或自选	1块
17	导线	RV 0.75 mm^2	若干

实施步骤：

1. 电气元件的安装与固定

（1）清点检查器材、元件。

（2）设计控制电路电气元件布置图。

（3）根据电气安装工艺规范安装、固定元器件，如图6-13所示。

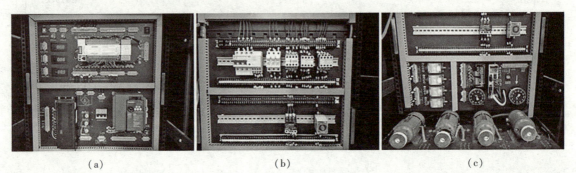

（a）　　　　　　　　　　　（b）　　　　　　　　　　　（c）

图6-13　元器件布置图

2. 电气控制电路的连接

（1）根据如图 6 - 8 所示原理图接线。

（2）按照电气安装工艺规范实施电路布线连接，包括各电气元件与走线槽之间的外露导线，应合理走线并尽可能做到横平竖直、垂直变换走向；所有的接线端子、导线头上都应该套有与电路图上相应接线号一致的编码套管，连接必须牢固，如图 6 - 14 所示。

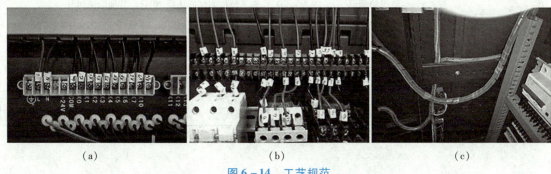

（a）　　　　　　　　（b）　　　　　　　　（c）

图 6 - 14　工艺规范

3. 程序编写

（1）熟练使用 PLC 编程软件编程。
（2）空载时，下载程序、调试程序。

4. 带负载通电调试及排故

（1）安装完毕的控制电路板，必须按要求认真进行检查，确保接线无误后才允许通电试车。

（2）经指导教师复查认可，具有教师在场监护的情况下才可以带负载通电试验。

（3）若在校验过程中出现故障，学生应独立排除故障。

（4）根据任务要求，完成测试报告。

【任务评价】

任务评价如表 6 - 7 所示。

表 6 - 7　任务评价

班级				姓名		
序号	考核项目	考核要求	配分	评分标准		得分
1	电路图分析	装调思路	10	思路清晰，得 10 分，其他情况酌情扣分		
2		电气元件位置	10	电气元件位置安装合理得 10 分，其他情况酌情扣分		

续表

序号	考核项目	考核要求	配分	评分标准	得分
3		参数的设置	10	设置参数的方法不正确，一处扣5分	
4	电路装调	电路接线	15	接线不正确，一处扣10分，其他酌情扣分	
5		程序的编制	15	程序正确得15分，其他酌情扣分	
6		整机的调试	20	整机调试成功得20分，其他酌情扣分	
7	安全文明	出现短路或触电	10	出现短路或触电扣10分	
8		仪器、仪表使用	10	仪器、仪表使用正确得10分，其他酌情扣分	
	工时	工时2 h，每超10 min扣5分，最多可延时30 min			
合计			100		

任务三　电动机综合控制

【任务要求】

主回路由一个双速电动机 M1 控制（启动时，低速运行时间 3 s，间隔 0.1 s，自动转换为高速运行，并且可以正反转控制，停止时制动停止，不允许出现反转）；M2 为他励直流电动机（控制电压为 0～10 V，对应 0～1 000 r/min，并且可以正反转控制）；M3 为变频器控制的不带速度继电器的三相异步电动机多段速控制回路（设置参数：变频器设置为加速时间 0.5 s，减速时间 1 s，第 1 段速为 450 r/min，第 2 段速为 600 r/min，第 3 段速为 720 r/min，第 4 段速为 930 r/min，第 5 段速为 1 170 r/min，要求在触摸屏上显示转速）；步进电动机控制回路（设置参数：步进电动机，正向旋转脉冲频率为 200 Hz；反向旋转脉冲频率为 400 Hz；步进驱动器设置为 4 细分，电流设置为 0.9 A）；伺服电动机控制回路（设置参数，伺服电动机旋转一周需要 2 000 个脉冲）。控制要求以电动机旋转"顺时针旋转为正向，逆时针为反向"为准。

1. 手动控制

要求在触摸屏选择手动控制模式，在触摸屏上可以选择控制对象：M1 电动机、M2 电动机、M3 电动机、M4 电动机、M5 电动机，但是同一时刻只能选择一台电动机调试，如果选择两台以上电动机，触摸屏信息框显示"电动机选择错误"字样，此时调试无效。如果选择电动机正确时，触摸屏信息框显示"当前所选电动机调试"字样，如"M1 电动机调试"。

（1）M1 电动机调试：按一下触摸屏"M1 正转按钮"，M1 正转运行，按一下触摸屏"M1 反转按钮"，M1 反转运行；触摸屏选择开关选在"低速时"，M1 低速运行，触摸屏选择开关选在"高速时"，M1 高速运行。按下触摸屏"M1 停止按钮"，M1 制动停止。

（2）M2 电动机调试：按一下触摸屏"M2 正转按钮"，M2 电动机正转，按一下触摸屏"M2 反转按钮"，M2 电动机反转，速度由触摸屏上设定，从 500～1 000 r/min 任意设定（预设 500 r/min）；按下触摸屏"加速按钮"，2 s 后速度线性上升，速率为 1 r/100 ms，松开"加速按钮"，速度停止上升。按下触摸屏"减速按钮"，2 s 后速度线性下降，速率为 1 r/100 ms，松开"减速按钮"，速度停止下降。调速范围为 500～1 000 r/min，按一下触摸屏"M2 停止按钮"，M2 停止。（要求转速在触摸屏上显示）

（3）M3 电动机调试：按一下触摸屏"M3 启动按钮"，M3 电动机正转启动，从第 1 段速到第 5 段速运行，段速间间隔 3 s。到达第 5 段速后延时 3 s 后停止，停止 5 s 后，M3 反转启动，从第 5 段速到第 1 段速运行，段速间间隔 3 s。中途按一下触摸屏"M3 停止按钮"，M3 立即停止。按下触摸屏"M3 点进按钮"，M3 以第 1 段速正转运行，松开"M3 点进按钮"，M3 停止。按下触摸屏"M3 点退按钮"，M3 以第 2 段速反转运行，松开"M3 点退按钮"，M3 停止。

（4）M4 电动机调试：按一下触摸屏"M4 启动按钮"，M4 电动机正转 2 圈后，立即反转两圈，中途按一下触摸屏"M4 暂停按钮"，M4 暂停。再次按一下触摸屏"M4 启动按钮"，能继续之前的动作。

（5）M5 电动机调试：按一下触摸屏"M5 启动按钮"，M5 电动机以 30 r/min 的速度正转 2 圈后，立即以 60 r/min 的速度反转两圈后停止，中途按一下触摸屏"M5 暂停按钮"，M5 暂停。再次按一下触摸屏"M5 启动按钮"，能继续之前的动作。

2. 自动控制

五台电动机均调试完毕后，在触摸屏信息框显示"调试结束，可以进入自动模式"。未调试完成时，按下自动模式时，在触摸屏信息框显示"设备调试中，不能进入自动模式"。

调试完毕后，要求设备工作台在 SQ1 处，如果不在，则可以手动控制使其回到 SQ1 处。当工作台处于 SQ1 处时，工作状态指示灯（触摸屏）开始闪烁（1 Hz），表示准备工作。

按下启动按钮，工作状态指示灯（触摸屏）长亮，M3 电动机以第 1 段速开始正转运行，带动工作台移动，2 s 后，主轴电动机 M1 开始正转低速运行，当工作台到达 SQ2 后，M3 电动机以第 2 段速正转运行，同时 M2 加工电动机以触摸屏设定转速正转（预设 500 r/min 带断电保持），M2 的工作时间为 4 s。M2 停止的同时，主轴电动机也停止。M3 电动机继续带动工作台以第 3 段速正转运行至 SQ3，此时 M3 电动机以第 4 段速正转运行，到达 SQ3 经过时间继电器 KT 延时后步进电动机开始运行，先正转 4 圈，后反转两圈，步进电动机停止后，伺服电动机开始工作，先按 60 r/min 的速度反转 3.5 圈，后以 30 r/min 的速度正转 5 圈。加工过程即结束，M3 停止运行，3 s 后，M3 电动机以第 5 段速反向带动工作台回到 SQ1，设备整个运行过程结束，工作状态指示灯（触摸屏）开始闪烁（1 Hz），准备下个工作过程。

设备在运行过程中，如果遇到紧急情况，可按下停止按钮，设备立刻停止当前加工，工作状态指示灯（触摸屏）开始闪烁（2 Hz），同时触摸屏上显示当前工作状态"设备加工故障中"。需排除问题后，手动使工作台回到 SQ1 位置，工作状态指示灯（触摸屏）闪烁（1 Hz），方可继续运行。当发生过载时，设备处理情况如同按下停止按钮，同时触摸屏上显示当前工作状态"电动机过载报警"。

【任务分析】

1. 设备电气柜门器件位置图（图6-15）

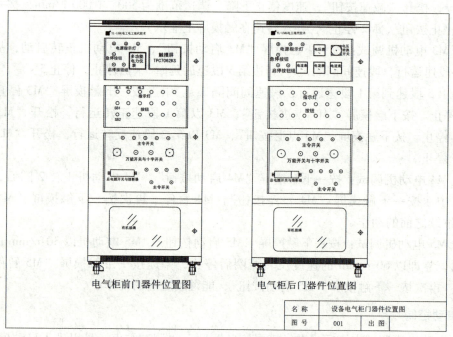

电气柜前门器件位置图　　　　电气柜后门器件位置图

名　称	设备电气柜门器件位置图	
图　号	001	出 图

图6-15　设备电气柜门器件位置图

2. 设备电气柜内器件位置图（图6-16）

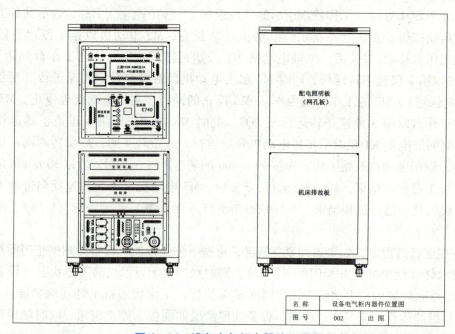

名　称	设备电气柜内器件位置图	
图　号	002	出 图

图6-16　设备电气柜内器件位置图

3. 设备器件安装位置图（图6-17）

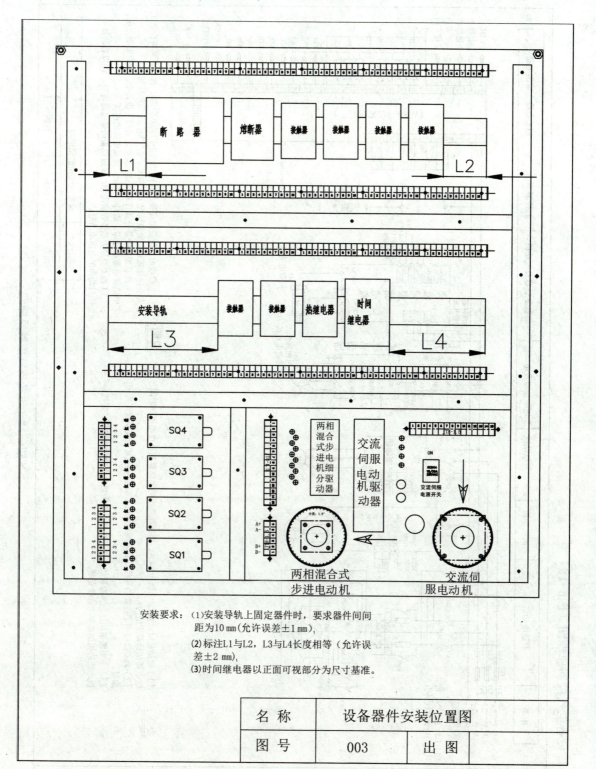

安装要求：　(1)安装导轨上固定器件时，要求器件间间距为10 mm(允许误差±1 mm)；

(2)标注L1与L2，L3与L4长度相等（允许误差±2 mm)；

(3)时间继电器以正面可视部分为尺寸基准。

名　称	设备器件安装位置图	
图　号	003	出　图

图6-17　设备器件安装位置图

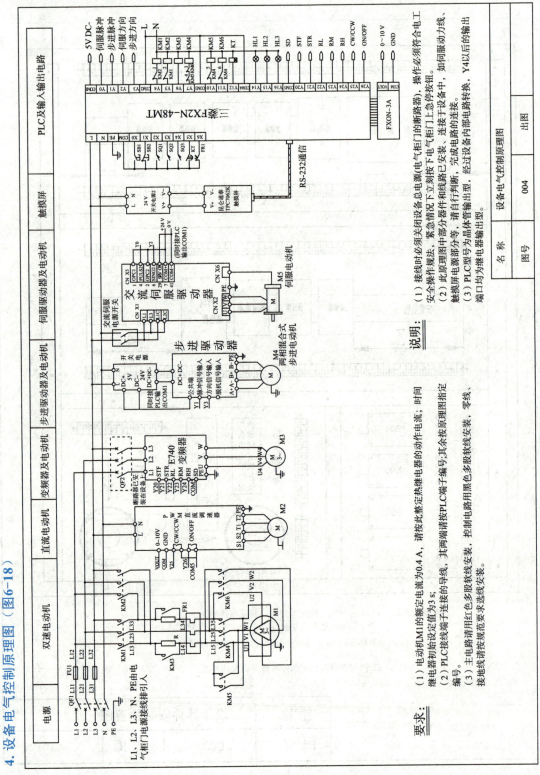

图6-18 设备电气控制原理图

【任务实施】

设备控制电路的安装接线，需要用到表 6-8 所列的工具、仪器和设备。

表 6-8　工具、仪器和设备

序号	名称	型号规格	数量
1	步进电动机	42BYGH5403	1 台
2	步进驱动器	SH-20403	1 台
3	伺服电动机	MHMD022P1U	1 台
4	伺服驱动器	MADDT1207003	1 台
5	PLC 主机（晶体管输出）	（Y4-Y27）+10 A 继电器	1 台
6	模拟量模块	FX0N-3 A	1 台
7	PWM 直流调速器	输入 220 V，输出 110 V	1 台
8	直流他励电动机	110 V，1 000 r/min	1 台
9	变频器	E740 0.75 kW	1 台
10	断路器	DZ47LE-63 C25 3P+N	1 个
11	交流接触器	自定	6 个
12	热继电器	自定	1 个
13	行程开关	自定	3 个
14	按钮	自定	2 个
15	指示灯	220 V	3 个
16	计算机	自定	1 台
17	开关电源	24 V/5 V	1 块
18	熔断器	RT18-63X 3P　16 A	1 个
19	三相异步电动机	Y-△	1 台
20	三相异步电动机	双速	1 台
21	万用表	MF47 型或自选	1 块
22	导线	RV 0.75 mm^2	若干

实施步骤：

1. 电气元件的安装与固定

（1）清点检查器材元件。

（2）设计控制电路电气元件布置图。

（3）根据电气安装工艺规范安装、固定元器件，如图 6-15 所示设备电气柜门器件位置图、如图 6-16 所示设备电气柜门器件位置图、如图 6-17 所示设备器件安装位置图。

2. 电气控制电路的连接

（1）根据如图 6-18 所示电气原理图接线。

（2）按照电气安装工艺规范实施电路布线连接，包括各电气元件与走线槽之间的外露

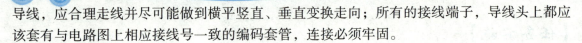

导线，应合理走线并尽可能做到横平竖直、垂直变换走向；所有的接线端子，导线头上都应该套有与电路图上相应接线号一致的编码套管，连接必须牢固。

3. 程序编写

（1）熟练使用 PLC 编程软件编程
（2）空载时，下载程序、调试程序。

4. 带负载通电调试及排故

（1）安装完毕的控制电路板必须按要求认真进行检查，确保接线无误后才允许通电试车。

（2）经指导教师复查认可，具有教师在场监护的情况下才可以带负载通电试验。

（3）若在校验过程中出现故障，学生应独立排除故障。

（4）根据任务要求，完成测试报告。

【任务评价】

任务评价如表6-9所示。

表6-9　任务评价

班级				姓名		
序号	考核项目	考核要求	配分	评分标准		得分
1	电路图分析	装调思路	10	思路清晰，得10分，其他情况酌情扣分		
2		电气元件位置	10	电气元件位置安装合理得10分，其他情况酌情扣分		
3	电路装调	参数的设置	10	设置参数的方法不正确，一处扣5分		
4		电路接线	15	接线不正确，一处扣10分。其他酌情扣分		
5		程序的编制	15	程序正确得15分，其他酌情扣分		
6		整机的调试	20	整机调试成功得20分，其他酌情扣分		
7	安全文明	出现短路或触电	10	出现短路或触电扣10分		
8		仪器、仪表使用	10	仪器、仪表使用正确得10分，其他酌情扣分		
9	工时	工时2 h，每超10 min扣5分，最多可延时30 min				
合计			100			

参考文献

［1］郑凤翼. 三菱 FX2N 系列 PLC 应用 100 例［M］. 北京：电子工业出版社，2013.

［2］许翏. 电机与电气控制技术［M］. 北京：机械工业出版社，2002.

［3］程建龙. 电力拖动控制电路与技能训练［M］. 北京：中国电力出版社，2006.

［4］亚龙科技集团有限公司. 亚龙 YL – 158 – G 电工现代技术实验指导手册［A］. 温州：亚龙科技有限公司，2021.